THÉORIE
DE LA VIS
D'ARCHIMEDE.

Les fig. manquent à cet exemplaire.

THÉORIE DE LA VIS D'ARCHIMEDE,

DE LAQUELLE on déduit celle des Moulins conçus d'une nouvelle maniere.

ON y joint la Construction d'un nouveau Lock ou Sillometre, & celle d'une sorte de Rames très-commodes, &c.

DE PLUS, une Dissertation sur la Résistance des Bois, & les Tables nécessaires, dressées d'après les Expériences de MM. de l'Académie des Sciences.

Par M. PAUCTON.

Nihil est quod non arte curâque, si non potest vinci, mitigetur.

Plin. Jun.

A PARIS,

Chez J. H. BUTARD, Imprimeur-Libraire, rue S. Jacques, à l'Enseigne de la Vérité.

M. DCC. LXVIII.

AVEC APPROBATION ET PRIVILEGE DU ROI.

A MONSIEUR

MARCHAL DE *SAINSCY,*

ECUYER, CHEVALIER de l'Ordre Royal & Militaire de S. Louis, GOUVERNEUR d'Abbeville, ECONOME GÉNÉRAL du Clergé de France, &c.

ONSIEUR,

L'ESTIME que vous avez pour les Sciences & pour les

Beaux-Arts, les marques de Bienveillance que vous donnez à ceux qui s'en occupent, m'ont fait desirer de voir paroître ce petit Ouvrage sous vos auspices. Puisque vous m'en avez accordé la permission, j'ose me flatter qu'il aura du succès. Ce n'est ni l'agrément du sujet, ni l'élégance de la diction qui peuvent le rendre digne de votre attention. Il renferme la Théorie de quelques Machines propres à soulager l'Humanité. Puisse mon Travail remplir son objet, & la Protection que vous voulez bien lui accorder, vous faire autant d'honneur, que j'ai de plaisir de le voir orné de votre Nom. J'ai l'honneur d'être, avec un profond respect,

MONSIEUR,

Votre très-humble & très-obéissant serviteur
PAUCTON.

TABLE DES CHAPITRES.

CHAPITRE I.

CHAPITRE II.

CHAPITRE III.

CHAPITRE IV.

CHAPITRE V.

CHAPITRE VI.

Fin de la Table des Chapitres.

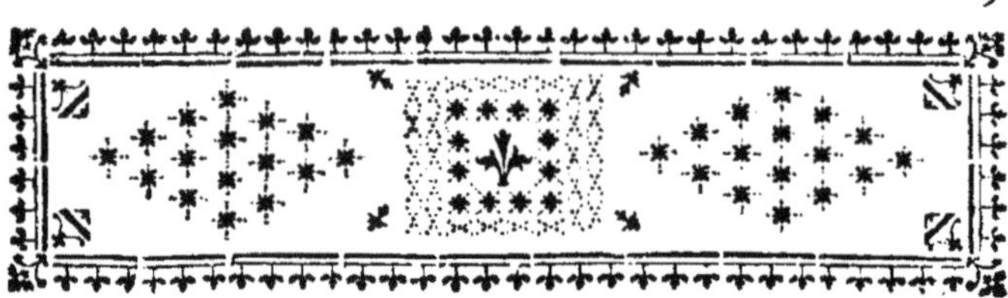

AVANT-PROPOS.

LA Machine dont j'entreprends de donner la théorie, eſt connue depuis plus de vingt ſiecles. Archimede, à qui l'on en attribue l'invention, étoit de Syracuſe, & vivoit deux cent douze ans avant Jeſus-Chriſt. Diodore de Sicile, qui écrivoit cent ſoixante-ſept ans après, prétend qu'Archimede fit cette découverte en Egypte, où il voyagea. Cette Contrée d'Afrique, où il ne pleut pas ordinairement, tire toute ſa fertilité des inondations du Nil, dont les débordemens arrivent depuis environ la mi-Juin juſques vers le mois de Septembre. Les eaux ſe retirent enſuite, & il n'en reſte que celles qu'on a eu ſoin de retenir dans des canaux & des réſervoirs pratiqués exprès. C'étoit avec des Vis d'Archimede, appellées alors *Limaces Egyptiennes*, qu'on puiſoit l'eau dans ces eſpeces de citernes, pour arroſer les terres ; ce qui contribuoit infiniment à les rendre fertiles. Elles étoient d'un fréquent uſage dans cette partie de l'Egypte qui eſt vers l'embouchure du Nil. Elles étoient auſſi employées à l'épuiſement des eaux dans les marais & les mines.

Quelques Ecrivains modernes, comme Cardan, M. Perrault, les PP. Catrou & Rouillé, &c. ont voulu prouver, par des paſſages prétendus de Diodore de Sicile, qui n'exiſtent point, ou par des raiſons inſuffiſantes, que l'invention de cette Machine étoit antérieure à Archimede. A la vérité, les Egyptiens ont toujours paſſé pour être naturellement induſtrieux. Autrefois ils s'adonnoient beaucoup à la Géométrie, dont ils ſont les Inventeurs; & pluſieurs d'entre eux s'étoient déjà rendus habiles dans cette ſcience, comme Euclide d'Alexandrie, qui vivoit ſoixante-ſeize ans avant Archimede : pour tout dire en un mot, c'étoit à l'école des Egyptiens que les Grecs alloient apprendre les Mathématiques. Mais de tout cela on ne ſçauroit rien conclure contre Archimede; & ſi l'on appuie le témoignage de Diodore par celui d'un Littérateur Grec qui ne doit pas être ſuſpect, je ne doute plus qu'on faſſe difficulté de laiſſer Archimede en poſſeſſion de cette découverte. C'eſt Athénée dont je veux parler. Il étoit de Naucrate en Egypte, & avoit par conſéquent une ſorte d'intérêt de revendiquer à ſa Patrie l'honneur d'une invention, qu'un étranger lui auroit enlevée : cependant, en parlant du Navire prodigieux qu'Hiéron Roi de Syracuſe fit conſtruire, il dit expreſſément qu'on en deſſéchoit la ſentine par le moyen d'une Limace inventée par Archimede (*).

Les Egyptiens ne ſont point les ſeuls qui aient fait uſage de la Limace : Archimede la fit connoître en Sicile ; & bientôt après, les Peu-

(*) Conſultez Diodore de Sicile, Liv. I, pag. 30, & Liv. V, pag. 313 ; & Athénée Liv. V.

ples d'Efpagne s'en fervirent à épuifer l'eau des mines de différents métaux qui fe trouvent en abondance dans leur pays.

Quelques Auteurs croient que dans la fuite on perdit jufqu'à l'idée de cette Machine, dont Archimede ne nous a point laiffé la théorie, non plus que celles de plufieurs autres productions dont on lui attribue l'invention; & que fi Diodore & Athénée ne nous apprenoient qu'elle avoit à peu près la forme d'une Limace ou coquille de Limaçon, elle feroit depuis long-temps enfevelie dans l'oubli. Néanmoins Vitruve, qui étoit contemporain de Diodore, nous en a laiffé une defcription affez détaillée, mais fi groffiere, que l'on peut regarder, d'après lui, la Limace comme une des plus imparfaites Machines hydrauliques. Pourquoi, du temps de Vitruve, la maniere de conſtruire le plus avantageuſement poſſible la Vis d'Archimede, étoit-elle déjà ſi fort ignorée? Seroit-ce que dans la durée d'un ſiecle ou d'un ſiecle & demi, la théorie qu'en avoit pu donner Archimede, étoit déjà perdue? Mais dans un ſi court eſpace de temps il devoit au moins exiſter encore quelques-unes des premieres Limaces exécutées par Archimede, qui pouvoient ſervir à en exécuter de nouvelles, & donner lieu par-là à une deſcription plus ſatisfaiſante. La proximité entre la Sicile & l'Italie ne peut permettre de ſuppoſer qu'au cas qu'il en exiſtât, elles euſſent échappé à la connoiſſance de Vitruve. Quant à moi, je crois qu'Archimede n'a jamais recherché à fond la théorie de ſa Machine ; & que de ſon temps, comme du nôtre, on l'a toujours conſtruite méchaniquement, à peu près ſuivant la deſcription de Vitruve, ou bien en enveloppant, ſans beaucoup de précaution, un tube rond de plomb ſur un cylindre, comme on voit dans Wolf.

Voilà à peu près tout ce que l'on peut apprendre des Anciens touchant l'origine de la Limace ; & c'en eſt aſſez pour nous perſuader qu'Archimede eſt le premier qui a eu la penſée de l'appliquer à l'élévation des eaux. Mais cette Machine ne doit rien à ſon imagination : la nature lui en a préſenté des modeles ; & c'eſt peut-être le peu de peine qu'elle lui a coûté, qui lui a fait négliger d'en parler dans ſes Ecrits. L'on voit tous les jours ſur les bords de la mer des coquillages qui imitent aſſez bien la Limace ; par exemple les Limaçons en ſabot ou cul-de-lampe, qui ſe trouvent en quantité à Syracuſe, & en Egypte ſur les côtes de la mer rouge : tels ſont encore les Buccins, les Cornets ou Volutes, les Rouleaux & les Vis, qui n'ont porté ce nom depuis qu'à cauſe de leur reſſemblance avec la Vis d'Archimede, & qui n'en different que parce que leur tube eſt ſpiral, & non hélice; c'eſt-à-dire que la ſuite ou l'enſemble de ſes circonvolutions repréſente un cône droit, au lieu d'un cylindre.

Ce n'eſt point donner atteinte à la gloire d'Archimede, que de prétendre qu'il n'a point imaginé la Limace. Eſt-ce un médiore mérite que de deviner l'uſage qu'on peut faire des choſes dans la Société ? Depuis le temps où vivoit ce grand Géometre, les Hommes ont eu continuellement ſous les yeux les coquillages dont je viens de parler ; & peut-être qu'aucun ne ſe feroit aviſé d'en faire une application auſſi heureuſe. Combien de choſes, foulées aux pieds, deviendroient précieuſes, ſi nous connoiſſions leurs propriétés & leurs uſages ! Souvent le hazard a procuré les plus belles découvertes à des hommes groſſiers & ignorans ; mais les hommes de génie n'attendent point qu'il vienne leur offrir ſes faveurs : elles ſont rares, & d'ailleurs elles n'ont pas grand mérite en Mathématiques. Ils les préviennent, & s'appliquent à tirer parti, pour eux-mêmes & pour leurs Concitoyens, de tous les objets qui ſe préſentent à leurs yeux, & qui ſemblent quelquefois ne tenir aucun rang parmi les choſes utiles.

On ne voit point que dans toute l'Antiquité, aucun Géometre ait eſſayé de développer la nature & les propriétés de la Limace. Ce n'eſt que dans ces derniers ſiecles, & principalement celui où nous vivons (le dix-huitieme), qu'il s'eſt trouvé des Mathématiciens plus perſuadés que ſa théorie nous étoit abſolument inconnue, & qu'il y auroit beaucoup à gagner pour l'utilité publique & le progrès des ſciences, ſi, par quelques efforts réitérés, on parvenoit à en pénétrer les myſteres. Il eſt probable que Galilée, l'un des plus grands génies du dix-ſeptieme ſiecle, qui nous a laiſſé une courte deſcription & l'éloge de la

Limace ; en avoit tenté la théorie. M. Bélidor, dans la premiere partie de son Architecture hydraulique, avoit promis de donner une ample explication de cette Machine dans la seconde partie; on ne sçait pourquoi il n'a pas tenu parole. Mais parmi les Modernes, ceux qui ont entrepris la chose avec plus de soin & de succès, sont 1°. M. Daniel Bernoulli, que son mérite, joint à la célébrité de sa Famille, fit appeller avec son Frere dans l'Université naissante de Pétersbourg. *On peut là-dessus consulter son Hydrodynamique.* 2°. M. Pitot, de l'Académie des Sciences, & Directeur du Canal Royal & des travaux publics du Languedoc. *Voyez les Mémoires de l'Académie des Sciences, Année* 1736, *Hist. pag.* 110, *& Mémoires* *pag.* 173. 3°. M. Euler, ci-devant Directeur & Professeur de la Classe de Mathématiques de l'Académie de Berlin, & depuis un an Professeur de la Chaire de Mathématiques de l'Impératrice de Russie. *Lisez les Mémoires de l'Académie Impériale de Péterſbourg, Tome V, Année* 1754, *pag.* 259. 4°. Le P. Belgrado, Jésuite, associé à plusieurs Académies d'Italie, & Correspondant de celle des Sciences de Paris. Ce dernier a fait imprimer l'année derniere 1767, à Parme, un Ouvrage Latin sur cette matiere, intitulé : *Theoria Cochleæ Archimedis, ab observationibus, experimentis & analyticis rationibus ducta.* C'est un Recueil bien écrit de tout ce que l'on a dit de mieux jusqu'ici sur la Vis d'Archimede. L'Auteur y a inséré pluſieurs choſes qui ſont de lui, & a fait un grand nombre d'Expériences, dont il n'a pas toujours ſçu profiter. Je prendrai la liberté de relever quelques-unes de ſes erreurs, lorſque j'en aurai l'occaſion par la ſuite.

Le Mémoire de M. Euler, que je viens de citer, eſt un calcul très-profond ſur le mouvement de la Limace, mais dont il ne ſemble rien reſulter qui puiſſe contribuer à ſa perfection, ce qui eſt abſolument contraire au but de l'Auteur; & c'eſt ce qui fit propoſer en 1765, par l'Académie Royale de Pruſſe, un Prix que M. Euler lui avoit remis, à celui qui donneroit la meilleure *Explication de la maniere dont l'eau eſt élevée par la Machine connue ſous le nom de* la Vis d'Archimede, *& les moyens de porter cette Machine à un plus haut degré de perfection.* Ce Programme, que je ne vis que plusieurs mois après qu'il eut paru, me fit naître la curiosité de connoître la Vis d'Archimede, dont je n'avois que la plus foible notion. Je crus entrevoir qu'elle étoit en effet susceptible de perfection, & sur-tout que l'eau ne pouvoit *monter en descendant* dans le tube hélice. Je conçus des espérances, & je m'appliquai sérieusement à rechercher la nature & le caractere de cette Machine. Je dressai un Mémoire assez précipitamment. Un homme de lettres (*) eut la complaisance de le faire remettre

(*) M. Sabbathier, Secretaire perpétuel de la Société des Belles-Lettres, Sciences & Arts de Châlons-sur-Marne.

à M. Formey, Secretaire de l'Académie de Berlin, avec qui il étoit en relation de Lettres. Bientôt après je reconnus que la Démonſtration que j'avois donnée de la maniere dont l'eau eſt élevée par la Vis, étoit défectueuſe : mais il n'y avoit plus moyen d'y remédier, le temps accordé pour l'envoi des Pieces étant expiré. Je pris le parti d'attendre le jugement de l'Académie, dans l'intention de me procurer le Mémoire couronné. Le Prix a été adjugé à M. Jean-Frederic Hennert, Profeſſeur de Mathématiques dans l'Académie d'Utrecht. Je n'ai encore pu avoir ſon Mémoire.

Si j'ai indiqué les Ouvrages précédens, c'eſt afin qu'on puiſſe les conſulter, ſi l'on veut s'inſtruire des notions que l'on avoit alors de la Limace.

Je n'en ai rien emprunté, je ne les ai même lus qu'après la composition du mien; & j'ose bien assurer que tout ce que je donne sur la théorie de cette Machine, est absolument neuf. Les calculs qui en résultent ne sont point compliqués, & n'exigent d'autre connoissance que celle de la Trigonométrie. La construction en est simple : la Machine ne sçauroit être plus solide; & j'en obtiens, sous les mêmes dimensions extérieures, six ou sept fois autant d'eau qu'elle avoit coutume d'en élever auparavant. Tous ces avantages sont autant de motifs qui m'ont déterminé à publier mes recherches. Si j'ai la satisfaction d'apprendre que cette premiere production s'est trouvée de quelque utilité, j'en aurai plus d'émulation à m'occuper d'un autre objet, non moins difficile à approfondir, mais infiniment plus intéressant. Je n'en veux pour preuve que les sujets d'encouragement donnés par toutes les Puissances maritimes de l'Europe, & principalement par la France, l'Angleterre & la Hollande. On voit que je veux parler du Problême des Longitudes. Le Roi vient d'honorer d'une protection particuliere MM. de Charniere & l'Abbé Rochon, pour avoir tâché de perfectionner cette partie de l'Hydrographie. Ces Messieurs sont très-dignes de la considération dont ils jouissent, & méritent assurément les éloges dont ils sont comblés. Mais je crois qu'il y a des moyens plus faciles & plus simples de résoudre ce Problême par une approximation moins éloignée de la réalité : c'eſt à quoi il ne paroît guère poſſible qu'on puiſſe arriver par la voie ordinaire. Depuis long-temps j'ai d'autres vues ſur ce ſujet, mais je n'ai encore pû me livrer au travail & aux détails qu'elles exigent. Je me propoſe, ſitôt qu'il me ſera poſſible, de ne rien négliger de ce qui dépendra de moi pour mettre ce projet en exécution.

Comme il n'étoit pas poſſible de faire un Traité complet ſur la Vis d'Archimede, ſans donner des regles pour déterminer les dimenſions qu'il convient de donner au cylindre ou noyau, relativement à la groſſeur & à la longueur de la Machine, je me ſuis trouvé engagé à donner une Diſſertation ſur la Force des Bois : j'y ai joint les Tables néceſſaires. Je les ai dreſſées d'après les Expériences faites par MM. de l'Académie des Sciences ; & c'eſt ce qui me fait eſperer qu'elles obtiendront la confiance du Public. Je crois qu'elles ſeront d'une grande utilité aux Architectes, aux Ingénieurs, & en général à tous les Conſtructeurs. Un Tarif de cette eſpece nous manquoit ; car celui que différents Auteurs ont fait ſur la réſiſtance des Bois, d'après des Hypothèſes particulieres, étoit trop défectueux pour être de quelque uſage dans la pratique.

Etant ſur le point de faire imprimer cette Théorie, je lus dans les Feuilles périodiques, que l'Académie de Lyon propoſoit de travailler ſur la maniere la plus convenable de moudre les bleds pour la conſommation de cette Ville. Quelques réflexions m'ayant fait confidérer qu'on ne devoit pas fe propofer d'autre but dans cette recherche, que de perfectionner les Moulins, qui agiffent par des moteurs qui ne nous coûtent rien, l'Eau ou le Vent; j'y ai appliqué une furface qui tient de la nature de l'hélice, & de laquelle je fais un nouveau Volant, plus propre à recevoir l'impreffion d'un fluide que celui dont on fe fert actuellement. On verra la conftruction de cet Inftrument au Chapitre VI, que j'ai écrit pour le fervice de la Ville de Lyon.

THÉORIE
DE LA
VIS D'ARCHIMEDE.

CHAPITRE I.

Ce que c'est que l'Hélice, sa nature & son développement, &c. La Vis à presser produit l'effet composé d'un Coin & d'un Cabestan. La Vis hydraulique ou d'Archimede fait la triple fonction d'un Coin, d'un Plan incliné & d'un Treuil ou Cabestan. Dans la Vis d'Archimede, l'eau ne monte point en descendant, &c.

HYPOTHESES & DÉFINITIONS.

Si de la circonférence de la base d'un cylindre on fait partir un point pour le faire mouvoir en même temps, & toujours uniformément, ſuivant deux directions, celle de la circonférence du cercle & celle de l'axe ou plutôt d'un apothême du cylindre; autrement, ſi en partant d'une des extrémités d'un cylindre, on fait circuler un point autour de ſa convexité, dans le même temps que ce point s'avance d'un mouvement toujours uniforme vers l'autre extrémité; la trace laiſſée par le mouvement composé du point, ſera une courbe explane (*), qui participera de la nature du cercle & de celle de la ligne droite; parce que le point

(*) Le Cercle, l'Ellipſe, &c. ſont des courbes qui ne ſortent pas du plan ſur lequel elles ſont décrites. On pourroit, par cette raiſon, les appeller *courbes planes*. C'eſt par oppoſition à celles-ci que j'appelle l'Hélice & la Spirale *courbes explanes*, parce que dans leur formation elles paſſent par une infinité de plans paralleles.

a tenu à la fois deux directions, dont l'une est circulaire, & l'autre parallele à l'axe du cylindre. On appelle cette courbe *Hélice* ou *Volute*. Il est aisé de concevoir la forme d'une Hélice, en se représentant celle d'un Tire-bouchon ou d'un Tire-bourre ; l'involution d'une corde sur un Treuil est aussi une Hélice.

On peut prendre pour directrice de l'Hélice l'apothême du cylindre, que l'on supposera circuler autour de sa convexité ; par conséquent celle des deux directions de l'Hélice qui tient de la ligne droite, sera perpendiculaire aux bases du cylindre ; & l'Hélice sera une ligne courbe explane, parfaitement uniforme, & semblable à elle-même dans toute sa longueur.

Si faiſant partir un point de la circonférence de la baſe d'un cône droit, on lui fait de même contracter un mouvement composé du circulaire, & d'un autre mouvement qui tendroit au ſommet du cône, la trace du point mû ſera une courbe explane, qui participera, comme dans la premiere hypothèſe, du cercle & d'une ligne droite. Cette courbe s'appelle *Spirale.* Sa directrice vers le ſommet du cône eſt l'apothême de ce même cône; par conſéquent la direction de la courbe n'eſt point perpendiculaire à la baſe: elle eſt oblique par rapport au plan de cette baſe; & c'eſt ce qui fait le caractere diſtinctif de l'Hélice & de la Spirale. On ſe formera une idée claire de la Spirale, en ſe rappellant l'involution d'une corde qu'un enfant entortille ſur un ſabot à jouer.

On nomme *Circonvolution* une portion d'Hélice, dont les deux extrémités ſeulement ſeroient dans la même ligne apothême tirée d'un bout à l'autre ſur la ſurface latérale du cylindre; c'eſt-à-dire qu'une circonvolution eſt un tour complet d'Hélice. La circonvolution differe de *l'involution* en ce que celle-ci eſt la ſomme de toutes les circonvolutions.

La *Spire* eſt une circonvolution de ſpirale.

Tube hélice eſt un tube qui enveloppe un cylindre comme feroit une Hélice.

Tube ſpiral eſt celui qui feroit ſon involution ſur un cône.

Un cylindre ou un cône ſur lequel eſt entortillé un tube,

constitue la *Vis d'Archimede.*

Le cylindre ou le cône qui sert d'axe à la Vis se nomme *Arbre* ou *Noyau.*

J'appelle *Conversion* ou *Circonversion*, le mouvement de la Vis d'Archimede, lorsque tournant, elle fait une révolution entiere sur son axe.

Inclinaison, est l'angle formé à l'extrémité inférieure de la Vis par l'axe du noyau & une ligne à plomb.

THÉORÊME I.

Chaque démi-circonvolution ou demi-tour AB *d'Hélice* (*fig.* 1) *considérée comme une ligne, est l'hypothénuse d'un triangle rectangle* ACB, *dont la base* AC *est la demi-circonférence* ADC *de la base du cylindre ou noyau* AEFC,

& dont la hauteur est la partie CB *de l'apothême.*

DÉMONSTRATION.

Car la demi-circonvolution AB d'Hélice, en s'enveloppant sur le noyau, s'éleve de plus en plus, mais toujours uniformément sur l'apothême; ensorte qu'au quart A*g* de sa longueur A*g*HJB compté de A, elle sera élevée sur l'apothême d'une quantité *g*K $= \frac{BC}{4}$: à la moitié A*g*H de sa longueur, elle sera élevée d'une quantité HL $= \frac{BC}{2}$: & aux trois quarts A*g*HJ de sa longueur, elle sera élevée sur l'apothême d'une quantité JM $= \frac{3BC}{4}$. Par conséquent on aura cette proportionnalité: BJH*g*A, BC :: JH*g*A, JM :: H*g*A, HL :: *g*A, *g*K. Mais cette propriété est celle d'un triangle divisé par des paralleles à l'un de ses côtés : d'ailleurs BC forme avec ABC un angle droit auquel est opposée la demi-circonvolution d'Hélice. Donc chaque demi-circonvolution d'Hélice est l'hypothénuse d'un triangle rectangle ; *ce qu'il falloit démontrer.*

Corollaires.

Donc une circonvolution entiere d'Hélice peut être considérée comme l'hypothénuse d'un triangle rectangle qui auroit pour base la circonférence entiere du cercle de la base du noyau, & pour hauteur une ligne AN = 2 BC.

Donc l'involution totale de l'Hélice qui enveloppe toute la longueur du noyau AEFC est égale à l'hypothénuse d'un triangle rectangle qui auroit pour base la circonférence du cercle de la base du noyau, multipliée par une quantité égale au nombre des circonvolutions de l'Hélice, & pour hauteur la longueur ou apothême du noyau.

On peut encore s'assûrer méchaniquement de la vérité de ce Théorême & de ses Corollaires, en enveloppant sur un cylindre un triangle rectangle dont on fera convenir, avec la circonférence du cercle de la base du noyau, celui de ses côtés qui lui sera égal.

THÉORÊME II.

Une demi-circonvolution d'Hélice ne peut être considérée comme la section d'un plan.

DÉMONSTRATION.

Que l'on fasse passer par les extrémités A & B de la demi-circonvolution d'Hélice un plan duquel la ſection ſoit repréſentée par la droite AHB.

Les paralleles *g, DH & tant d'autres qu'on voudra, couperont la demi-circonvolution AgHJB de l'Hélice, & la demi-circonférence ADC en parties ſemblables & proportionnelles entre elles, mais non ſemblables aux parties correſpondantes du diametre AC & de la ligne de ſection AB. Réciproquement dans le triangle ACB, les mêmes paralleles couperont le diametre AC & la droite ou hypothénuſe AB en parties auſſi ſemblables entre elles & non aux portions correſpondantes de la demi-circonvolution d'Hélice & de la demi-circonférence ADC. La raiſon en eſt que les diviſions d'une demi-circonférence ne ſont point correſpondantes aux parties ſemblables de ſon diametre, excepté les moitiés de l'une & de l'autre. Or la demi-circonvolution A*g*HJB d'Hélice & la droite AB s'élévent uniformément & à la même hauteur BC. Donc les parties ſemblables de ces deux lignes ſeront également élevées ; mais K*g* & K*q*, qui ſont correſpondantes, ne ſont pas des parties ſemblables de leurs toutes. Donc le point *g* ne ſera pas dans le plan AB ; donc il ſera plus ou moins élevé. Il ſera plus élevé ; car ſi A*g* eſt le quart de A*g*HJB, A*q* ſera moindre que le quart de la droite AB. Par un raiſonnement ſemblable on fera voir que le point J eſt moins élevé que le point R ; & on prouvera la même chose de tous les autres points, excepté de ceux des extrémités & du milieu. Donc une demi-circonvolution d'Hélice n'est point la section d'un plan; l'une de ses moitiés AgH est plus élevée que la section du plan, & l'autre moitié HgB est plus basse. C. Q. F. D.

La vérité de ce Théorême est évidente, à l'inspection seule d'une Hélice ; & la Démonstration en pourra paroître superflue : d'ailleurs je n'aurai pas occasion d'en faire usage. Je l'avois d'abord écrite pour ma propre satisfaction ; & j'ai pensé qu'il se trouveroit peut-être des personnes qui ne seroient pas fâchées de la lire.

LEMME I.

Losqu'une puissance éleve un poids quelconque

quelconque & de quelque maniere que ce ſoit, cette puiſſance & le poids ſont en raiſon inverſe de leurs vîteſſes.

DÉMONSTATION.

Soit une puiſſance M d'une livre, qui, avec une vîteſſe u d'une toiſe par minute, faſſe parcourir à un poids P également d'une livre, une toiſe auſſi par minute, (la vîteſſe du poids P ſera $= v$), parce que la puiſſance & la réſiſtance ſont égales ainſi que leurs vîteſſes, on aura $Pv = Mu$; & l'on ne pourra ſuppoſer d'augmentation ou de diminution dans l'une des racines du premier membre de cette équation, que le même changement n'arrive dans l'une ou l'autre racine du ſecond membre. Par exemple, ſi au poids

P d'une livre on en ſubſtituoit un autre quatre fois plus peſant, alors il faudroit, pour que la puiſſance fût égale à la réſiſtance, que cette même puiſſance ou ſa vîteſſe devînt auſſi quadruple comme dans cette équation $4Pv = 4Mu$, ou dans celle-ci $4Pv = M4u$ qui eſt la même. Or d'une équation on peut toujours déduire une proportion; ainſi de la premiere $Pv = Mu$, nous ferons $P, M :: u, v$, & de la derniere, $4Pv = 4Mu$, ou bien $4Pv = M4u$; nous tirerons $4P, 4M :: u, v$; ou bien $4P, M :: 4u, v$; c'eſt-à-dire que dans chacune de ces analogies, le poids eſt à la puiſſance comme la vîteſſe de la puiſſance eſt à celle du poids. Donc la puiſſance & le poids ſont réciproquement comme leurs vîteſſes. C. Q. F. D.

Corollaires.

Donc ſi une puiſſance M (*fig.* 2) éleve un poids P en le pouſſant ou en l'attirant ſuivant une ligne de direction DE parallele au plan incliné AB; *la puiſſance ſera au poids comme la hauteur* BC *du plan incliné eſt à ſa longueur* BA; puiſque BC exprime la vîteſſe du poids, & BA la vîteſſe de la puiſſance.

Donc ſi une puiſſance M (*fig.* 3) appliquée à l'angle C d'un coin, pouſſe ce coin, & éleve par ſon moyen un poids P juſqu'en E, ſuivant la direction AE dans laquelle il eſt ſuppoſé retenu par une cauſe étrangere; *la puiſſance ſera au poids comme* AE *ou ſon égale* CB, *hauteur de la tête du coin eſt à* AF *ou ſon égale* CA *longueur de la baſe du coin*; car

CB ou AE exprime la vîtesse du poids, & CA ou AF la vîtesse de la puissance.

Remarque. La propriété du plan incliné & celle du coin rectangle dont je viens de parler, ne dépendent point de la largeur de leurs surfaces. Ces surfaces, de même que les bases, peuvent n'être qu'une ligne. En un mot un plan incliné & un coin peuvent n'être chacun qu'un triangle rectangle, & n'avoir qu'une surface linéaire, comme ils sont représentés par les Figures 2 & 3.

LEMME II.

La Vis ordinaire, qui sert à presser ou à élever des fardeaux, fait la fonction d'un coin rectangle & d'un cabestan.

DÉMONSTRATION.

L'involution de l'Hélice est l'hypothénuse AD d'un triangle rectangle ACD (*fig.* 4), lequel peut faire l'emploi d'un coin. Par conséquent, si une puissance, après avoir appliqué ce coin parallelement contre la surface d'un cylindre tenu verticalement, l'attire par l'angle D sous un corps R retenu par une puissance étrangere dans la direction de l'apothême TS que j'appellerai *ligne de direction ;* il est évident que lorsque la hauteur AC du triangle ou coin sera venue se confondre avec ST, le corps R sera élevé au point S ou A qui alors ne seront plus que le même, & que cette ascension aura été produite par l'application d'un coin rectangle. Mais si, au lieu d'appliquer la force motrice immédiatement en D, on fixe cet angle D en I sur la circonférence de la base du cylindre, & que la puiſſance agiſſant ſur le diametre de cette baſe, faſſe tourner le cylindre ſur ſon axe que je ſuppoſe mobile ſur deux poles fixes; le cylindre, dans ſon mouvement de rotation, attirera tout le triangle ou coin, & l'enveloppera ſur ſa convexité; & les points de l'hypothénuſe AD pendant l'involution paſſeront ſucceſſivement dans la ligne de direction TS ſous le corps R; d'ailleurs la puiſſance appliquée à l'extrémité du rayon de la baſe du noyau, éprouvera précisément la même réſiſtance que ſi elle étoit en D. Donc la cauſe & l'effet ſeront les mêmes que dans la premiere ſuppoſition. Par ce dernier procédé l'involution de l'Hélice ou hypothénuſe s'eſt faite à meſure que le corps R a été élevé:

mais si cette involution avoit été faite avant que de tourner le cylindre, tout auroit été encore comme dans la premiere supposition; car les points de l'Hélice passant de même successivement dans la ligne de direction ST sous le corps R, & dans l'instant de ce passage étant toujours tirés chacun suivant la direction AD, la puissance qui agira toujours à l'extrémité du même bras de levier, n'éprouvera que la même résistance en produisant le même effet. Donc l'Hélice fait la fonction d'un coin rectangle. Le noyau fait aussi la fonction d'un cabestan. Donc la Vis ordinaire agit par une force qui participe du coin rectangle & du cabestan. C. Q. F. D.

Théorême III.

La Vis hydraulique ou d'Archimede

fait la triple fonction d'un coin, d'un plan incliné & d'un cabestan.

DÉMONSTRATION.

Cette vérité suit du Lemme précédent; car si la Vis ordinaire ainsi que le coin rectangle, a la propriété d'élever un corps verticalement, l'une & l'autre de ces deux Machines peuvent également porter un corps suivant toute autre direction, soit parallele, soit oblique à l'horison. Par conséquent si ayant couché la Vis ordinaire sur un plan incliné ABDC (*fig.* 5) & rendu son axe mobile sur deux poles fixes, je fais tourner cette Vis, ensorte que son Hélice coule sous un corps R qui touche le plan incliné, & qui soit retenu dans la ligne de direction ou plan incliné linéaire T S par une puissance étrangere, il est constant que le corps parviendra en S comme dans le Lemme. Dans cette position de la Vis, la puissance éprouvera moins de résistance que dans la position verticale, le corps R étant ici soutenu en partie par le plan incliné.

La Vis restant toujours mobile sur ses pôles, si l'on imagine que la superficie ABCD du plan incliné a été enveloppée autour de cette Machine, & qu'elle forme un cylindre concave qui doit demeurer fixe pendant qu'on fera tourner la Vis dedans, l'effet sera le même que ci-dessus : le corps R montera en S sur le plan linéaire TS qui est un apothême du cylindre.

Enfin si l'on soude la surface cylindrique & l'Hélice ensemble, & si l'on fait mouvoir sur les poles de la

Vis cette nouvelle Machine, le corps R ſera encore porté en S, comme dans les ſuppoſitions précédentes, ſuivant la ligne de direction T S, dans laquelle il eſt retenu par une puiſſance étrangere qui eſt ici ſa propre peſanteur. La ligne réelle T S tournera en même temps que le cylindre; mais d'autres lignes ſemblablement poſées lui ſuccederont perpétuellement : & juſqu'au frottement, tout ſera ſemblable dans cette derniere opération à ce qui s'eſt paſſé dans les précédentes. Or, comme l'enſemble que nous venons de former de la Vis ordinaire & de la ſurface cylindrique concave, n'eſt autre choſe que la Vis d'Archimede, il ſuit que dans cette Machine l'eau eſt élevée par une force qui participe du coin, du plan incliné & du treuil ou cabeſtan. C. Q. F. D.

THÉORÊME IV.

Dans la Vis d'Archimede, la puissance appliquée à la circonférence de la base du noyau, est au poids de l'eau contenue dans toutes les circonvolutions du tube hélice, comme la hauteur perpendiculaire à laquelle l'eau est portée, est à autant de fois la circonférence de la base du noyau, que le tube fait de circonvolutions.

DÉMONSTRATION.

Soit *a* la longueur du plan incliné & la hauteur de la tête du coin qui lui est égale, *b* la hauteur perpendiculaire du plan & de la Vis, *c* la base du coin, qui est égale à autant de fois à la circonférence de la base du noyau, que l'Hélice fait de circonvolutions. Soit encore r le poids de l'eau & x l'effort cherché du moteur.

Par la propriété du plan incliné, on aura $a, b :: r, \frac{br}{a}$; & par la propriété du coin rectangle on aura de même $c, a :: \frac{br}{a}, \frac{abr}{ac} = \frac{br}{c} = x$; donc $x, r :: b, c$; c'eſt-à-dire que la puiſſance x eſt au poids r de l'eau comme la hauteur perpendiculaire b de la Vis eſt à une quantité c égale à autant de fois la circonférence du cercle de la baſe du noyau, qu'il y a de circonvolutions d'Hélice.

Dans la Démonſtration de ce Théorême, j'ai ſuppoſé que la puiſſance étoit appliquée immédiatement à l'extrémité du diametre de la Machine; c'eſt pourquoi dans le calcul je n'ai point fait entrer l'effet du cabeſtan.

Corollaires.

Dans la Vis d'Archimede la puissance est au poids de l'eau contenue dans l'involution totale du Tube hélice, comme SU (*fig.* 1) est à la circonférence du cercle que décrit le moteur à chaque circonversion de la Vis; car dans cette Machine comme dans toute autre, la puissance & le poids sont en raison réciproque de leurs vîtesses : or SU exprime la vîtesse de l'eau, & la circonférence du cercle que décrit la puissance exprime sa vîtesse. Donc, &c.

Plus l'angle SBU ou FUO (*fig.* 1) est petit, toutes choses égales d'ailleurs, moins SU est grand : donc plus l'angle SBU sera petit, ou ce qui est la même chose, plus l'inclinaison de la Vis sera grande, moins la puiſſance motrice éprouvera de réſiſtance.

DÉFINITIONS.

On appelle *Arc hydrophore* la portion de chaque circonvolution du tube hélice qui eſt remplie d'eau. Si on ſuppoſe que ABNU, &c. (*fig.* 1) ſoit un petit tube hélice, & que AU repréſente le niveau de l'eau, la portion ABφ de la circonvolution entiere ABN ſera un arc hydrophore, car cette partie ſera entierement occupée par l'eau.

On appelle au contraire *Arc aérien* la portion d'une circonvolution de tube qui eſt remplie d'air. La partie φN de la circonvolution entiere ABN, eſt un arc aérien, parce qu'elle doit être entierement remplie d'air.

Un arc hydrophore ſera ſi on veut une eſpece de ſiphon, mais dont les branches ne ſont point égales, comme le P. Belgrado le prétend. La ſeconde branche B φ s'éleve plus rapidement ſur l'horiſon que la premiere B A ; par conſéquent elle doit être plus courte, puiſque l'extrémité de chacune doit être dans le niveau A U de l'eau. Si les branches de chaque arc hydrophore étoient égales & ſemblablement coupées par le niveau AU, la Machine ſeroit en équilibre, étant chargée d'eau ; & le moteur n'auroit d'autre réſiſtance à vaincre que celle qu'occaſionneroit le frottement de l'axe du noyau ; & c'eſt ce qui arriveroit ſi les arcs hydrophores étoient des arcs de cercle.

Ce que j'ai dit de l'arc hydrophore doit s'entendre de l'arc aérien.

THÉORÊME V.

Dans la Vis d'Archimede l'eau ne monte point en deſcendant.

Après avoir démontré que dans la Vis d'Archimede l'eau s'éleve par une force qui participe du plan incliné, du coin & du cabeſtan, il ſemble qu'il ne devroit plus être queſtion de la faire *monter en deſcendant.* Cependant comme cette propoſition, toute abſurde qu'elle eſt, s'eſt accréditée par le temps, & qu'elle préſente même d'abord quelque choſe de ſpécieux, je tâcherai de prouver par de bonnes raiſons, que ce phénomene n'a point lieu.

Si l'on met en mouvement une

Vis

Vis d'Archimede inclinée, & qui porte dans ſon tube hélice un corps placé en B (*fig.* 1), on ſe perſuade que ce corps, ſans quitter le point réel de l'Hélice ſur lequel il repoſe, l'accompagne par un mouvement commun à toute la Machine, juſqu'à une certaine portion indéterminée de l'eſpace B H; que de-là il retombe au point qui a ſuccédé au point B dans la ligne C F, & qui eſt néceſſairement plus élevé; qu'il ſuit ce nouveau point comme il a fait le premier : d'où il retombe encore dans la ligne de direction CF, & que ce procédé dure juſqu'à ce que le corps ſoit ſorti du tube par en haut. C'eſt là préciſément ce que l'on entend, lorſqu'on dit que l'eau ou un corps quelconque *monte en deſcendant* dans la Vis d'Archimede.

C'eſt ce qui devroit pourtant ne s'appeller que *monter, puis deſcendre;* car ces deux mouvements ne ſont produits que par ſucceſſion; & il eſt impoſſible qu'une choſe monte & deſcende en même temps: mais il eſt facile de démontrer que ces montées & deſcentes alternatives n'ont point lieu en effet. J'en vais donner trois preuves; la premiere déduite du Théorême troiſiéme, & les deux autres de la nature & du mouvement de la Machine.

Premiere Preuve.

J'ai démontré ci-deſſus que ſi une puiſſance éleve un poids ſuivant une direction CF (*fig.* 1) par le moyen d'une Vis d'Archimede, la puiſſance & le poids ſeront dans la raiſon réciproque de leurs vîteſſes;

ce qui eſt conforme aux loix de la méchanique. Je ſuppoſe à préſent que l'eau faſſe ce que l'on appelle *monter en deſcendant*, c'eſt-à-dire qu'elle ſuive le mouvement imprimé à l'Hélice pour retomber enſuite d'un point quel qu'il ſoit, compris entre B & H, & que cet effet ſoit reproduit ſans diſcontinuation, juſqu'à ce que l'eau ſoit élevée au haut de la Machine. Ces montées & deſcentes perpétuelles feront, comme il eſt aiſé de s'en appercevoir, des eſpeces de balancemens qui ſurchargeront la puiſſance motrice; & feront un obſtacle au mouvement de la Machine. Mais comme il n'eſt point d'effet ſans cauſe, ces oſcillations auront néceſſairement un agent; or cet agent ne peut être que le moteur même de la Vis. Donc, outre l'effort qu'il feroit obligé d'appliquer pour élever l'eau, il faudroit qu'il en produisît auffi les librations & en même temps qu'il en furmontât l'effet défavantageux : donc il auroit à vaincre plus que la réfiftance du poids de l'eau; donc la puiffance & la réfiftance ne feroient pas en raifon inverfe de leurs vîteffes ; ce qui feroit contraire aux principes fondamentaux de la méchanique. Donc, &c. C. Q. F. D.

Seconde Preuve.

Le Tube hélice peut être regardé comme l'hypothénufe d'un triangle rectangle dont la bafe eft la circonférence d'un cercle : par conféquent fa courbure eft parfaitement réguliere & uniforme comme celle d'un cercle. Donc, parce que le mouvement de la Vis eſt ſuppoſé toujours le même, il eſt néceſſaire que l'eau ſe meuve auſſi d'une maniere uniforme & réguliere, & ainſi elle ne doit point faire d'oſcillations.

Troiſiéme Preuve.

Dans la Vis d'Archimede miſe en mouvement, la vîteſſe de l'eau qui gliſſe ſur les parois du tube, doit être ou moindre ou plus grande que celle de la Vis, ou bien elle lui ſera égale. Si la vîteſſe de l'eau eſt moindre que celle de la Vis (ce cas n'arrivera jamais dans l'uſage ordinaire de cette Machine), l'eau ne parviendra pas à l'extrémité ſupérieure du tube hélice dans autant de converſions qu'il y a de circonvolutions; & le moteur ſe fatiguera en vain à donner un excès de vîteſſe à la Machine, & il en obtiendra une moindre quantité d'eau à chaque versement. Mais dans les deux derniers cas, dont le plus ordinaire est celui où la pesanteur de l'eau sera capable de lui imprimer une vîtesse plus grande que celle de la Vis, il est certain qu'aussitôt que cette Machine par son mouvement circulaire aura déplacé le niveau de l'eau, dans le même petit instant, le fluide le rétablira, & que par conséquent les portions infiniment petites des mouvements égaux de la Vis & de l'eau sont parfaitement tautochrones; c'est-à-dire qu'elles sont produites rigoureusement dans la même particule physique de temps. Or chaque point ou ligne élémentaire de la largeur du Tube hélice, qui a été occupée dans l'instant précis qu'il s'est avancé, est constamment plus élevé ou plus éloigné du centre des graves que celui qui l'a précédé immédiatement. Donc l'eau, en se déplaçant, occupe des espaces de plus en plus élevés. Donc elle ne monte pas en descendant.

On peut joindre l'expérience aux trois preuves que je viens d'apporter. Quoique l'opinion du P. Belgrado soit que l'eau monte en descendant, voici cependant comme il s'exprime au commencement du septieme Chapitre de son Livre, sur ce qu'il a observé touchant l'ascension de l'eau. » (*) Dans le même instant,

(*) Simul ac cylindrum agere cœperis, arcus hydrophori ad libellam compositi assurgunt, & locis ita similibus perpetuò succedunt, ut, si cochleâ crystallinâ utaris, nullus nec progressus, nec motus aquæ qui sub sensus cadat, inesse aquæ videatur. Ratio in promptu est: quùm enim singulæ partes arcûs hydrophori

» dit-il, que l'on fait tourner la
» Machine, les arcs hydrophores se
» mettent de niveau, & coulent
» successivement dans des espaces
» si parfaitement semblables à ceux
» qu'ils abandonnent, que si on se
» sert d'un tube de verre, on ne re-
» marque à l'eau aucun progrès ni
» aucun mouvement sensible : la
» raison en est simple; car toutes les
» parties d'un arc hydrophore étant
» mues également, elles gardent
» toujours les mêmes distances en-
» tre elles, & par conséquent ne
» changent point leurs positions res-
» pectives. D'un autre côté, l'Hé-
» lice dans toute sa longueur étant

æqualiter promoveantur, æqualem invicem distantiam perpetuò servant, ac propterea locum respectivè non mutant. Insuper propter similitudinem singularum Spiræ partium, singuli arcus ut ut translati semper similibus Spiræ

» uniforme & réguliere, chaque arc » hydrophore, en s'avançant, re» pose toujours sur une partie sem» blable de l'Hélice .... C'est pour» quoi tous les arcs hydrophores, » non seulement étant semblables, » mais même étant égaux entre eux, » étant de plus emportés dans des » temps égaux, le mouvement de » l'eau ne peut tomber sous les sens; » au contraire l'eau doit paroître en » repos. Je suis pourtant persuadé » que certaines impulsions, certai» nes secousses, soit de la Machi» ne, soit de ses supports, imprime» roient aux arcs hydrophores quel» ques oscillations, mais qui dispa-

---

partibus insident; demum in easdem sedes deinceps trajiciunt, quæ ab antecedentibus arcubus terebantur .... Quare quùm singuli arcus, non solùm similes, sed etiam æquales inter se sint, & in easdem sedes æquali tempore

» roîtront ſitôt que l'on rendra au » mouvement de la Vis ſa régu- » larité ».

Le P. Belgrado auroit pû déduire des circonſtances de cette obſervation, que l'eau ne monte point en deſcendant; car il ne l'a pas vu deſcendre : mais il aime mieux ſoutenir l'opinion reçue dont il craint de s'écarter ; & pour perſuader que ce paradoxe n'a rien qui répugne, il appuie ſes raiſonnemens d'une comparaiſon qui manque abſolument de juſteſſe. (*) De ſemblables phéno-

---

deinceps transferantur, nulla mutatio in cochleâ apparebit, & ideò aqua tanquam quieſcens reputabitur. Nullus tamen dubito quin in ſubitâ & citimâ cylindri revolutione, & violentâ fulcri cochleæ agitatione aliquæ oſcillationes arcubus hydrophoris accidant, quæ citò evaneſcent, motu Machinæ ac cylindri ad certam legem revocato.

(*) Similia phœnomena plerumque ſolent accidere ſimul ac componitur motus communis

» menes ne ſont pas rares, dit-il; » il s'en préſente toutes les fois qu'il » y a un mouvement composé de » mouvemens ſimples & particu- » liers : ſi par exemple un Navire » fait route vers l'Orient, tandis » qu'un Matelot s'avance ſur le til- » lac vers l'Occident, mais avec une » vîteſſe moindre que celle du Vaiſ- » ſeau, le Matelot avancera vers » l'Orient, & s'en éloignera en mê- » me temps; ce qui fait un mouve- » ment composé : mais parce que la » vîteſſe du Navire ſurpaſſe celle du » Matelot, ce dernier avance réel- » lement vers l'Orient ». Qui ne

---

& proprius. Si Navis tendente versùs ortum, Nauta in eâ incedat versùs occaſum minùs velociter quàm Navis, ſimul compones progreſſum versùs ortum & regreſſum ab ortu : quia verò progreſſus excedit regreſſum, propterea reipſa Nauta accedet ad ortum.

voit que ce phénomene n'a rien de semblable à ce qui se passe dans la Vis d'Archimede ? Le Tube hélice qui est représenté ici par le Navire, ne s'avance ni à l'Orient, ni à l'Occident, ni vers quelqu'autre point que ce soit de l'horison, il tourne sur son axe : l'eau qui est comparée au Matelot, tend à parvenir à l'extrémité supérieure du tube, & s'en approche toujours de plus en plus, en parcourant toute sa longueur. Il n'y a point ici de mouvement composé; il n'est pas moins étonnant que le P. Belgrado, après l'observation dont je viens de rapporter le détail, ait été obligé de faire de nouvelles expériences pour s'assurer si le mouvement de l'eau dans le Tube hélice n'étoit point accéléré. Quelle seroit donc la cause de cette accélération? L'eau paroît immobile, & n'avance précisément qu'à mesure que le tube s'introduit dessous, de la même maniere qu'un fardeau est soulevé par un levier. D'ailleurs la vîtesse de l'eau est réglée sur celle de la Vis qui en est le modérateur, & malgré l'inclination qu'elle tient de sa pesanteur de se mouvoir avec une vîtesse plus grande que celle de la Machine, il lui est impossible de passer outre. Par conséquent il y aura de l'accélération dans la vîtesse de l'eau, si on accélere la vîtesse du mouvement circulaire de la Vis; mais ces deux vîtesses seront toujours égales & tautochrones.

CHAPITRE II.

Maniere de construire le Tube hélice. Méchanisme de Vitruve. De la Sciadique & de la Chonique. Leur développement. Forme la plus avantageuse qu'on puisse donner au Tube. Ses dimensions ; sa Construction géométrique ; de sa capacité.

L'ON a construit des Limaces sur des cônes tronqués, & l'on a mis en question si elles avoient de l'avantage sur celles que l'on exécute sur des cylindres. Il s'est même trouvé des Ecrivains qui se sont décidés en faveur des premieres. (*Voyez l'Appiaria*). (*) Il est cependant aisé

(*) La Vis d'Archimede est aussi employée dans cet Ouvrage à faire un mouvement perpétuel.

d'appercevoir qu'un Tube ſpiral ne donnera d'eau à chaque converſion que la valeur du dernier arc hydrophore qui eſt plus petit qu'aucun des autres ; & qu'ainſi on chargera mal-à-propos le moteur d'une grande quantité d'eau qui montera & deſcendra continuellement par la bouche inférieure du Tube ſpiral.

Le volume d'eau puiſé par l'orifice inférieur du Tube, doit être élevé dans ſon entier juſqu'au verſement : par conſéquent ce Tube doit être hélice & enveloppé ſur un cylindre. Voici une deſcription de la Limace qu'on trouve dans les Elémens de Mathématiques de Wolf, & qui, je crois, eſt celle que l'on a le plus ſuivie. L'on enveloppe, dit Wolf, autour d'un cylindre un tube de plomb, en obſervant les regles prescrites pour tracer les filets d'une Vis à presser. On incline le cylindre sur l'horison d'environ 45 degrés, & l'on a soin que la bouche inférieure du Tube soit plongée sous l'eau. Cette courte description n'est guère satisfaisante. Wolf explique ensuite la méthode de Vitruve, qui est de beaucoup préférable à la premiere. Voici la description entiere & les propres expressions de Vitruve (*).

Est autem etiam Cochleæ ratio quæ magnam vim haurit aquæ; sed non tam altè tollit quàm rota. Ejus autem ratio sic expeditur: Tignum sumitur, cujus tigni, quanta fuerit pedum longitudo, tanta digitorum expeditur crassitudo. Id ad

(*) Vitr. Lib. X, cap. XI.

circinum

circinum rotundatur. In capitibus circino dividuntur circinationes eorum tetrantibus in partes quatuor, vel octantibus in partes octo, ductis lineis; eæque lineæ ita collocentur, ut in plano posito tigno ad libellam, utriusque capitis lineæ inter se respondeant ad perpendiculum : ab his deinde à capite ad alterum caput lineæ perducantur convenientes; uti quàm magna erit pars octava circinationis tigni, tam magnis spatiis distent secundùm latitudinem. Sic & in rotundatione & in longitudine æqualia spatia fient. Ita quò loci describuntur lineæ quæ sunt in longitudine spectantes, faciendæ decussationes, & in decussationibus finita puncta. His ita emendatè descriptis, sumitur salignea tenuis aut de vitice secta regula, quæ uncta liquidâ pice, figitur in primo decussis puncto; deinde trajicitur obliquè ad insequentes longitudines & circuitiones decussium. Et ita ex ordine progrediens, singula puncta prætereundo & circuminvolvendo, collocatur in singulis decussationibus; & ita pervenit & figitur ad eam lineam, recedens à primo in octavum punctum, in quâ prima pars ejus est defixa. Eo modo quantùm progreditur obliquè per spatium & per octo puncta, tantumdem in longitudine procedit ad octavum punctum eâdem ratione, per omne spatium longitudinis & rotunditatis singulis decussationibus obliquè fixæ regulæ per octo crassitudinis divisiones involutos faciunt canales, & justam Cochleæ naturalemque imitationem. Ita per id vestigium aliæ super alias figuntur unc-

tæ pice liquidâ, & exagerantur ad id, ut longitudinis octava pars fiat summa crassitudo. Supra eas circundantur & figuntur tabulæ, quæ pertegant eam involutionem : tunc eæ tabulæ pice saturantur, & laminis ferreis colligantur, ut ab aquæ vi ne dissolvantur. Capita tigni ferreis clavis & laminis continentur, iisque infiguntur styli ferrei. Dextrâ autem & sinistrâ Cochleæ tigna collocantur, in capitibus utrâque parte habentia transversaria confixa. In his foramina ferrea sunt inclusa, inque ea inducuntur styli, & ita Cochlea, hominibus calcantibus, facit versationes.

Erectio autem ejus ad inclinationem sic erit collocanda, uti, quemadmodum Pythagoricum Trigonum orthogonium describitur; sic id ha-

beat responsum : id est, uti dividatur longitudo in partes quinque : earum trium extollatur caput Cochleæ ; ita erit à perpendiculo ad imas nares ejus spatium, partes quatuor. Quâ ratione autem oporteat id esse, in extremo Libro ejus forma descripta est.

» Faites façonner au tour, dit » Vitruve, une piece de bois, dont » l'épaisseur soit la seizieme partie » de la longueur. Divisez les cir- » conférences des bases cylindri- » ques en quatre ou huit parties » égales, & menez des diametres si » vous voulez ; mais il faut que les » divisions de l'une des bases soient » telles par rapport aux divisions de » l'autre base, que le cylindre étant » tenu verticalement, elles se ren- » contrent dans une ligne à plomb ;

» priſes deux à deux ; joignez en-
» ſuite les points correſpondants par
» des lignes tirées d'un bout à l'au-
» tre du cylindre ſur ſa ſurface, &
» qui en ſeront autant d'apothêmes :
» conſtruiſez dans les eſpaces inter-
» ceptés par ces apothêmes, des
» quarrés dans les angles deſquels
» vous tirerez des diagonales qui de-
» viendront continues & formeront
» des lignes hélices. Ces opérations
» préliminaires étant ainſi exécutées
» avec ſoin, vous prendrez de jeu-
» nes rameaux de ſaule ou des brins
» d'oſier ; vous les enduirez de poix
» ou de goudron, puis vous les ap-
» pliquerez ſur les diagonales ou
» hélices décrites. A la premiere
» couche de rameaux vous conti-
» nuerez d'en ajouter d'autres, juſ-
» qu'à ce que le diametre total de la

» Machine soit devenu égal à la huitieme partie de sa longueur. Il résultera de ce méchanisme des especes de canaux entortillés qui ressembleront assez bien à celui d'une coquille de Limaçon. On recouvre ces canaux de planches ou douves enduites de poix, que l'on affermit ensuite avec des cerceaux de fer comme on feroit un tonneau.

» Quant à l'inclinaison qu'il convient de donner à cette Machine, vous diviserez sa longueur en cinq parties égales, & la considérerez comme l'hypothénuse d'un triangle rectangle dont la base seroit égale à quatre des parties de l'hypothénuse, & la hauteur à trois; c'est-à-dire qu'il faut lui donner d'inclinaison environ 53 d. 8 m.

HYPOTHESES & DÉFINITIONS.

Si ayant enveloppé en hélice ſur un cylindre une zône ou bande AK ANRNAKA (*fig.* 11), on ſuppoſe que les lignes AA, BB, CC, DD, EE, &c. s'élevent toutes en même temps & d'un mouvement égal par celles de leurs extrémités qui aboutiſſent à la ligne hélice AN, les autres extrémités demeurant fixes ſur l'Hélice ; ces lignes qui ſont paralleles entre elles tant qu'elles demeurent couchées ſur le cylindre, ceſſeront de l'être auſſitôt que commencera le mouvement, & deviendront également divergentes par leurs extrémités élevées. Et ſi l'on conçoit de plus que ces lignes, pendant le temps de leur érection, reſtent toujours contenues dans une même ſurface, cette ſurface, qui d'abord étoit une zône, changera de nature & de nom. Tant que les lignes AA, BB, &c. ne feront pas encore aſſez élevées pour être perpendiculaires ſur la convexité du cylindre, c'eſt-à-dire tant que AA ne ſera encore que AM, AL ou toute autre ligne oblique compriſe entre AI & AA, la ſurface ſera nommée *Chonique*. Mais auſſitôt que les lignes AA, BB, &c. feront devenues perpendiculaires ſur la convexité du cylindre, ou bien, lorſque AA ſera devenue AI, la ſurface s'appellera *Sciadique*. On aura une idée claire de la Sciadique ſi on la compare à la montée d'un eſcalier à noyau ou en vis. La Figure 7 repréſente une Sciadique enveloppée ſur un cylindre ABOP. La ſeule différence entre une Sciadique & une Chonique eſt que les rayons de celle-ci ſont inclinés ſur les apothêmes du cylindre, au lieu que les rayons de celle-là ſont perpendiculaires ſur ſa convexité. La Figure 6 repréſente une Chonique qui fait deux tours ſur ſon noyau.

THÉORÊME VI.

La Chonique ainſi que la Sciadique ſont deux ſurfaces, qui développées deviennent planes & égales chacune à une portion de couronne circulaire; ou, ce qui revient au même, à la ſurface latérale d'un cône droit tronqué.

Cet énoncé ne contient rien qui ne ſoit ſenſible à la vue dans la Chonique. Il n'en eſt pas de même de la Sciadique. On ne voit pas d'abord comment elle peut n'être qu'une portion de couronne circulaire. C'est ce que je vais prouver. On fera si l'on veut l'application de cette démonstration à la Chonique.

DÉMONSTRATION.

Soit a la partie F L (*fig.* 7) de l'apothême du cylindre comprise entre les extrémités d'une circonvolution de Sciadique ; b le diametre A P de la circonférence de la base du cylindre A B O P ; d la largeur A F de la Sciadique. Soit encore $\delta = 1$ le diametre du cercle en général, & ε sa circonférence. Par la propriété du cercle, on aura $\delta, \varepsilon :: b, b\varepsilon$ circonférence de la base du cylindre A B O P, on aura aussi par la même raison $\delta, \varepsilon :: b + 2d, b\varepsilon + 2d\varepsilon$ circonférence de la base du grand cylindre FGQR. Par conséquent la petite Hélice AEK sera exprimée par $\sqrt{\overline{a+b\varepsilon}^2}$, & $\sqrt{\overline{a+b\varepsilon+2d\varepsilon}^2}$ sera l'expression de la grande Hélice FIL. Cherchons maintenant le diametre qui auroit pour circonférence $\sqrt{\overline{a+b\varepsilon}^2}$; je trouve que c'est $\frac{\sqrt{\overline{a+b\varepsilon}^2}}{\varepsilon}$; d'où il suit que $\frac{\sqrt{\overline{a+b\varepsilon}^2}}{\varepsilon}$ $+\ 2d$ seroit le diametre de la grande Hélice $\sqrt{\overline{a+b\varepsilon+2d\varepsilon}^2}$ considérée aussi comme une circonférence entiere du cercle. Si cela est, je dois retrouver, par le moyen de ce diametre, l'Hélice même : je fais donc $\delta, \varepsilon :: \frac{\sqrt{\overline{a+b\varepsilon}^2}}{\varepsilon} + 2d, \sqrt{\overline{a+l\varepsilon}^2}$ $+\ 2d\varepsilon$; mais le quatrieme terme de cette proportion n'est pas égal à $\sqrt{\overline{a + b\varepsilon + 2d\varepsilon}^{2}}$ valeur de la grande Hélice ; il eſt plus grand. Donc, puiſqu'en conſidérant les deux Hélices comme des circonférences entieres de cercle, la raiſon entre ces Hélices, ainſi que celles de leurs diametres ou rayons ſuppoſés, qui eſt la même, ſe trouveroit plus grande qu'elle n'eſt en effet, il faut, pour conſerver à cette raiſon ſa juſte valeur, la différence *d* demeurant toujours la même, rendre les diametres ou rayons plus grands. Donc les circonférences de ces diametres ne feront pas employées entieres à fournir une circonvolution de Sciadique. Donc auſſi une circonvolution de Sciadique ne ſera qu'une portion de couronne circulaire. C. Q. F. D.

Définitions.

J'apelle élémens d'une portion de couronne circulaire des arcs BGC, HKI, DFE, &c. de cercle concentriques (*fig.* 12). Lorſque la portion de couronne circulaire eſt enveloppée ſur un cylindre, & forme une Sciadique ou une Chonique, alors les élémens dont je viens de parler ſont autant d'Hélices.

Théorême VII.

Toutes les Hélices d'une Sciadique, c'eſt-à-dire tous ſes élémens ne coupent point un apothême Bg *(fig. 7) ſous le même angle d'obliquité.*

Démonstration.

La portion ACE d'Hélice eſt

l'hypothénuſe d'un triangle rectangle dont la baſe eſt la moitié de la circonférence de la baſe du cylindre A B O P, & la hauteur la ligne P E. De même la partie F C I d'Hélice eſt l'hypothénuſe d'un triangle rectangle dont la baſe eſt la moitié de la circonférence de la baſe du cylindre F G Q R, & la hauteur la ligne R I = P E. Mais ces deux triangles ayant une hauteur commune avec des baſes & des hypothénuſes inégales, ne peuvent être ſemblables. Donc l'angle F I R ne ſera pas égal à l'Angle A E P. Or l'angle FIR eſt égal à l'angle FCB, & l'Angle AEP égal à l'angle ACB. Donc tous les élémens de la Sciadique ne coupent point une ligne apothême ſous le même angle d'obliquité. C. Q. F. D.

Ce que j'ai dit de la Sciadique a lieu à l'égard de la Chonique.

Je conçois le Tube hélice d'une Vis d'Archimede comme formé ſur un cylindre ou noyau entre les circonvolutions d'une Chonique, dont les interſtices ſont une eſpece de canal hélice qu'il ſuffit de recouvrir d'une bande parallele à la convexité du noyau, pour que ce Tube ſoit dès-lors tout conſtruit.

On pourroit auſſi conſtruire un Tube dans l'eſpace intercepté par des circonvolutions de Sciadique; mais cela ne ſeroit pas indifférent. Il ne faut, pour ſe convaincre de l'avantage du Tube fait d'une Chonique, ſur ce dernier, que jetter les yeux ſur les Figures 6 & 7. L'on verra ſenſiblement que la portion de la capacité du Tube chonique, qui eſt abbaiſſée au-deſſous du niveau BE de l'eau (*fig.* 6) eſt bien plus grande que celle du Tube à Sciadique ſous le niveau AM (*fig.* 7). Cependant une Vis d'Archimede dont le Tube hélice ſeroit formé par une Sciadique, auroit encore un grand avantage ſur celles dont on s'eſt ſervi juſqu'à ce jour; du moins celles que j'ai vues. A l'inſpection ſeule des Figures, on voit que le Tube chonique fournira à chaque circonverſion de la Vis une quantité d'eau plus grande que la moitié de la capacité d'une de ſes circonvolutions; & qu'un Tube ſciadique au contraire donnera moins que cette moitié.

La Sciadique ne ſera donc ici d'uſage que pour commencer le Tube hélice, le premier tour étant difficile

difficile à contenir pendant l'exécution, si avant toutes choses on n'a pas eu la précaution de clouer sur le noyau une circonvolution de Sciadique.

Elémens d'une circonvolution de Tube hélice, sont des bandes que je suppose envelopper le noyau parallelement à sa convexité, & que je considere comme couchées les unes sur les autres, ou plutôt posées les unes dans les autres, telles que les deux BFCEFL & AGDKGM (*fig.* 6) qui sont les extrêmes des autres.

J'appelle Vis de 40 degrés, de 45 degrés, &c. celle qui est construite de telle sorte qu'étant inclinée de 40 degrés, de 45 degrés, &c. l'eau se mette de niveau dans les angles B & E (*fig.* 6). Cependant je ferai voir bientôt que l'angle E doit être un peu élevé ſur le niveau de l'eau.

Angle d'obliquité de la Chonique, eſt l'angle I B A (*fig.* 6) dont elle s'eſt écartée du perpendicule B I ſur le noyau. La regle qu'il faut garder à l'égard de cet angle, eſt de le faire égal à celui de l'inclinaiſon de la Vis, il en réſultera que la largeur AB de la Chonique ſe trouvera dans le prolongement du niveau B E de l'eau. Une Vis ainſi conſtruite, indiquera d'elle-même l'inclinaiſon qui lui convient; car il ne s'agira que de la mettre dans une ſituation où la largeur AB de l'ouverture inférieure de ſon Tube ſe confonde avec la ſuperficie de l'eau.

Il y auroit de la perte à faire l'angle d'obliquité de la Chonique plus ou moins grand que celui de l'inclinaiſon de la Vis.

J'appelle *Sommet pneumatique* le ſommet de l'angle CEK (*fig.* 6), qui ſe trouve formé ſous le noyau incliné, par ſon apothême OE & la largeur EK de la Chonique. Cet angle eſt auſſi le complément de l'angle d'obliquité de la Chonique.

THÉORÊME VIII.

Le Tube hélice doit être conſtruit & ajuſté ſur le noyau, de maniere qu'à chaque circonvolution il s'éleve dans le ſens de la longueur du noyau d'une quantité égale à ſa largeur oblique BK (fig. 7).

DÉMONSTRATION.

Car ſi à chaque circonvolution il s'élevoit moins que de ſa largeur oblique, il se rencontreroit ; & s'il s'élevoit plus que de cette quantité, il laisseroit des intervalles en pure perte, puisque la capacité du Tube hélice devenue par-là moins grande qu'elle ne pourroit être, fourniroit un moindre volume d'eau à chaque circonversion de la Vis, toutes choses égales d'ailleurs.

THÉORÊME IX.

Il est nécessaire que la Vis d'Archimede soit construite de façon qu'étant employée sous l'inclinaison qui lui convient, le sommet pneumatique soit élevé au-dessus de la superficie de l'eau.

DÉMONSTRATION.

Soit conçu ABNU♪, &c. (*fig.* 1), comme un petit Tube

dont la premiere demi-circonvolution ſe termine à un point B plus bas que le point U où paſſe le niveau de l'eau. Si l'on ſuppoſe que la bouche A de ce Tube ſoit entierement plongée ſous l'eau, que les deux arcs hydrophores A B φ & N U δ ſoient remplis d'eau, & que le petit arc aérien φ N ſoit vuide ; comme il faut que cet arc ſe rempliſſe d'air, & que l'air ne peut s'y introduire par la bouche A qui eſt enfoncée ſous l'eau, il ſera obligé de s'y inſinuer par la bouche ſupérieure F ; mais il ne peut paſſer dans N φ ſans refouler la portion δ U de l'arc hydrophore juſqu'en U ; ce qui fera couler d'abord par N puis par A un pareil volume d'eau ; ſi bien que l'arc hydrophore N U δ ſera diminué de toute la quantité U δ. Donc ſi l'on veut plonger entierement l'ouverture A du Tube, il faut que l'air puiſſe paſſer par U ſans refouler l'eau. Donc il faut que le Tube ſoit conſtruit deſorte qu'étant ſous l'inclinaiſon qui lui convient, le ſommet pneumatique ſe trouve élevé au-deſſus du niveau de l'eau. Wolf, Daniel Bernoulli, repris par le P. Belgrado, & ce Pere lui-même, ne ſe ſont point doutés de ce phénomene, ou s'en ſont mal expliqués : l'effet en eſt pourtant de conſéquence. » (*) Daniel Bernoulli & quelques autres, *c'eſt le P. Belgrado qui parle*, prétendent

(*) Daniel Bernoullius & alii præſcribunt ne tota cylindri baſis ſub aquâ in uſu Cochleæ deſcendat, ſed pars alia emergat & extet, alia innatet. Demiſſâ enim ſub aquâ totâ cylindri baſi, nec aqua ſupernè efflueret, nec in Spiras aſcenderet. Utrùm res ita ſe habeat docebo infrà.

» que pour ſe ſervir de la Limace,
» la baſe entiere du noyau ne doit
» pas être enfoncée ſous l'eau, mais
» qu'il eſt néceſſaire qu'une partie
» ſeulement ſoit plongée, & que
» l'autre ſurnage : car ſi toute la
» baſe étoit plongée, l'eau ne s'éle-
» veroit point dans le Tube. Je ferai
» voir ſi cela arrive ainſi ». Après cet expoſé le P. Belgrado rapporte pluſieurs expériences qu'il a faites, par leſquelles il prouve que l'eau monte dans le Tube hélice, ſoit que ſon orifice ſoit toujours plongé, ſoit qu'il ne le ſoit pas. Mais dans ſes expériences, ou bien l'angle U (*fig.* 1) étoit plus élevé que le niveau N$\delta\omega$ naturel de l'eau, ou bien il eſt impoſſible que l'eau fût de niveau dans les deux branches de l'arc hydrophore ; c'eſt à quoi le Pere

Belgrado n'a pas pris garde.

S'il étoit possible de mettre la Limace dans une position telle que la largeur AB (*fig.* 6) de l'ouverture inférieure de son Tube se confondît toujours exactement avec la superficie AE de l'eau, alors on pourroit faire l'angle E du Tube, c'est-à-dire le sommet pneumatique, plus ou moins élevé, comme on jugeroit à propos ; & l'arc aérien se rempliroit toujours assez. Mais comme dans l'usage ordinaire de cette Machine sa position doit être fixe, & que la superficie de l'eau au contraire sera tantôt plus basse, & le plus souvent plus haute, il sera essentiel que le sommet pneumatique soit élevé au-dessus de la superficie de l'eau. C. Q. F. D.

THÉORÊME X.

Moins le noyau aura de diametre; plus l'arc hydrophore sera grand, toutes choses égales d'ailleurs.

DÉMONSTRATION.

Cela s'apperçoit en jettant seulement les yeux sur la Figure 6. L'eau n'est retenue que par la largeur AB de l'Hélice : par conséquent si on prolonge cette largeur jusqu'à la rencontre de l'axe en N, de même DC jusqu'en P, GF jusqu'en Q, &c. il est visible que la capacité de chaque circonvolution du Tube sera plus grande d'une quantité égale à la partie solide retranchée du noyau; & que l'arc hydrophore sera aussi plus grand à proportion. Il n'en seroit pas ainsi des Vis d'Archimede ordinaires, non plus que de celles qui ſeroient conſtruites avec des Sciadiques ; la groſſeur du noyau jusqu'à un certain point rendant les arcs hydrophores plus grands dans ces dernieres, comme on peut s'en convaincre à l'inſpection de la Figure 7.

Ce Théorême n'aura pas d'application dans la pratique. Il eſt de toute néceſſité qu'une Vis d'Archimede ait un noyau, même d'une groſſeur aſſez conſidérable ; autrement cette Machine ſe briſeroit, ou du moins fléchiroit ſous le poids de l'eau. C'eſt de quoi je parlerai plus amplement.

THÉORÊME XI.

L'inclinaiſon de la Vis d'Archimede & ſa groſſeur totale étant données, démontrer quelle eſt la largeur la plus avantageuſe qu'on puiſſe donner au Tube hélice.

C'eſt ici le *non plus ultra* pour moi. Si j'avois pû réſoudre analytiquement cette Propoſition, ma Théorie auroit reçu ſon dernier degré de perfection ; & j'aurois pû prouver qu'il ne ſeroit pas poſſible d'y rien ajouter : mais les difficultés que j'ai rencontrées à cauſe de la figure bizarre de l'arc hydrophore, m'ont fait comprendre que de nouvelles méditations ſeroient infructueuſes. Quoique ce Théorême demeure non réſolu, il ne faut pas s'imaginer qu'il en réſulte un grand inconvénient pour la pratique : j'ai fait voir ci-deſſus qu'il étoit néceſſaire que le ſommet pneumatique fût plus élevé que le niveau de l'eau; & d'ailleurs il n'eſt pas moins eſſentiel, comme j'ai dit, de donner au cylindre une groſſeur aſſez conſidérable pour qu'il puiſſe ſoutenir la Machine & l'empêcher de fléchir. Si la Vis, par exemple, a vingt-quatre pieds de longueur ſur trois de diametre, il faudra que le diametre du noyau ſoit d'environ dix-huit pouces (c'eſt la regle de Vitruve). Or ſi ſur un noyau de dix-huit pouces de diametre on conſtruit un Tube dont le ſommet pneumatique ſoit plus élevé que le niveau de l'eau, je ſuis très-perſuadé qu'on ne pourroit pas lui donner plus de largeur, ſans préjudicier à la grandeur de l'arc hydrophore; & que cet arc eſt même déjà moindre qu'il ne ſeroit ſi ce Tube étoit moins large : c'eſt ce dont on pourra s'aſſurer par obſervation ; un certain nombre d'expériences pourra auſſi ſuppléer au défaut du calcul analytique, pour réſoudre entierement la queſtion. J'expliquerai ailleurs la maniere d'y procéder.

PROPOSITIONS.

La ſolidité d'une circonvolution de Tube hélice conſidérée comme un corps, ou ſa capacité, en concevant les parois ſans épaiſſeur, eſt égale à la ſomme de tous ſes élémens : or cette ſomme eſt exprimée par la ligne LK (*fig.* 7) ou GH (*fig.* 6) qui meſure la hauteur perpendiculaire du Tube ſur le noyau. Donc les capacités de deux Tubes formés l'un par une Sciadique, & l'autre par une Chonique, qui ont même hauteur perpendiculaire sur la convexité du noyau, sont égales, toutes choses égales d'ailleurs.

Entre les élémens d'une Chonique ou d'une Sciadique, il regne une même différence : donc entre les élémens d'une circonvolution de Tube hélice, lesquels élémens sont des surfaces de même longueur, que les élémens de la Chonique ou de la Sciadique, il regne aussi une même différence. Mais ceci n'est rigoureusement vrai par rapport au Tube, que de la longueur de ses élémens & non de la largeur : car si on considere ABCD & EBCF (*fig.* 8) comme les deux élémens extrêmes d'une circonvolution de Tube hélice, il sera facile de voir que leurs largeurs perpendiculaires sont mesurées par les sinus HC &

GC des angles HBC & GBC, & que les largeurs des élémens intermédiaires ont pour mesure les sinus de tous les angles qu'on peut imaginer entre les deux précédents : mais comme ils ne different entre eux que de l'angle EBA qui n'est pas considérable, on peut toujours dans la pratique envisager ces largeurs comme s'il regnoit une même différence entr'elles, & prendre un moyen proportionnel arithmétique entre les extrêmes, pour en avoir la mesure commune. D'où je conclus que la solidité ou capacité d'une circonvolution de Tube hélice est égale au produit fait de sa hauteur perpendiculaire sur le noyau, par une surface moyenne proportionnelle arithmétique entre les élémens extrêmes de cette circonvolution.

Tous les Tubes hélices faits pour la même inclinaiſon, & dont la raiſon entre le diametre du noyau & celui de la Machine totale eſt la même, ſont ſemblables ainſi que les parties de ces Tubes, comme les circonvolutions, les arcs hydrophores, &c. Par conſéquent les capacités des circonvolutions & les arcs hydrophores ſeront entre eux comme les cubes de leurs dimenſions quelconques ſemblables; ils ſeront auſſi entre eux comme les cubes des diametres des baſes des noyaux, &c.

Je vais préſentement réduire en Problêmes la Théorie précédente. Je ſuppoſerai par-tout que le noyau a de diametre le tiers du diametre total de la Machine, & que l'on fait paſſer le niveau de l'eau par le ſommet

ſommet pneumatique. Il ſera facile à tout le monde de faire les changemens néceſſaires, lorſqu'on voudra que le ſommet pneumatique ſoit plus élevé que la ſuperficie de l'eau.

CHAPITRE III.

Calcul de toutes les parties d'une Vis d'Archimede. Calcul du produit d'eau qu'elle fournit. Inſtructions pour l'Artiſte qui ſera chargé de l'exécuter.

PROBLÊME I.

ETANT donnés les diametres a = AC (*fig.* 1) de la baſe du noyau, & le ſinus b de l'angle d'inclinaiſon OPI qu'on veut donner à la Vis, (le coſinus de l'angle OPI

G

ſera B), déterminer 1°. la courbure du Tube hélice, c'eſt-à-dire la quantité CB dont il doit être élevé ſur l'apothême du noyau à chaque demi-tour; 2°. ſa largeur oblique BU ſur la convexité.

Solution.

Faites ſin-AUC, ſin-UAC :: AC, CU;

ou bien,

B, *b* :: *a*, *c*; c'eſt-à-dire que

$$c = \frac{a\ b}{B}.$$

Lorſque l'inclinaiſon eſt de 45 degrés, la quantité *c* eſt égale à *a*.

Dans tous les cas CB ſera $\frac{c}{3}$, & la largeur oblique BU ſera $= \frac{2c}{3}$.

PROBLÊME II.

Etant donnés, la hauteur perpendiculaire A de la Chonique ſur le noyau, & le ſinus *b* de ſon angle BAJ (*fig.* 6) d'inclinaiſon ou d'obliquité, qui doit toujours être égal à celui de l'inclinaiſon de la Vis, trouver 1°. la largeur AB = *d* de la Chonique; 2°. la partie BJ = *e* du noyau où doit commencer la premiere circonvolution de la Chonique.

Solution.

Faites ſin-ABJ, ſin-AJB :: AJ, BA;

ou bien,

B, R :: A, *d*; c'eſt-à-dire que $d = \frac{AR}{B}$; faites enſuite,

ſin-ABJ, ſin-BAJ :: AJ, BJ;

ou bien,

B, *b* :: A, *e*; c'eſt-à-dire que $e = \frac{Ab}{B}$.

PROBLÊME III.

Etant donnés, le diametre $a + 2A$ de la Vis, & l'angle AIVY de son inclinaison, déterminer la partie plongée YI $= f$ de sa longueur (*fig.* 1).

Solution.

Faites sin-VIy, sin-IVy :: Vy, yI;

ou bien,

B, b :: $a + 2$A, f; c'est-à-dire que

$$f = \frac{b \times \overline{a + 2A}}{B}.$$

PROBLÊME IV.

Etant donnés, la hauteur perpendiculaire OP (*fig.* 1) que j'appelle g, à laquelle on veut élever de l'eau par le moyen d'une Vis d'Archimede, & le sinus b de l'angle d'inclinaison, déterminer la longueur WF $= h$ de cette Vis.

Solution.

Faites ſin-PIO, ſin-POI :: OP, PI = i;

ou bien;

B, R :: g, i; c'eſt-à-dire que

$$i = \frac{Rg}{B}.$$

Ajoutez enſuite à i, 1°. la quantité $f = y$I trouvée par le Problême précédent; 2°. la quantité e = XT du deuxieme Problême; & 3°. la quantité $\frac{2c}{3}$ = TF du Problême premier; & vous aurez YI + IP + XT + TF = WF; ou bien $f + i + e + \frac{2c}{3} = h$.

PROBLÊME V.

La longueur h = WF de la Vis étant donnée avec le ſinus b de l'angle d'inclinaiſon, trouver à quelle hauteur perpendiculaire OP

$= g$, cette Vis peut élever de l'eau.

Solution.

Otez de la longueur WF $= h$, les quantités f, e, & $\frac{2c}{3}$, le reste sera $i =$ IP (*fig.* 1); puis faites sin-POI, sin-PIO :: IP, OP.

ou bien,

R, B :: i, g; c'est-à-dire que

$$g = \frac{Bi}{R}.$$

PROBLÊME VI.

Etant connus le diametre AC $= a$ du noyau (*fig.* 1), la quantité BU $= \frac{2c}{3}$, déterminer la capacité d'une circonvolution de Tube hélice.

Solution.

Cherchez les circonférences j & k de deux cercles qui auroient pour diametre, le premier la quantité

AC = a, & le ſecond la quantité Vy = 2A + a; puis faites,

j, $\frac{2c}{3}$ = AN :: R, tang. l.

ſin-l, $\frac{2c}{3}$ AN :: R, m; c'eſt la longueur d'une circonvolution de la petite Hélice.

R, coſ-l :: $\frac{2c}{3}$ = BU, n largeur du plus petit élément du Tube.

k, $\frac{2c}{3}$ = AN :: R, tang. o.

Sin-o, $\frac{2c}{3}$ = AN :: R, p; c'eſt la longueur d'une circonvolution de la grande Hélice.

R, coſ. o :: $\frac{2c}{3}$, q; c'eſt la largeur du plus grand élément du Tube.

Faites la ſomme de m & p; prenez-en la moitié, multipliez-la d'abord par A & enſuite par $\frac{n+q}{2}$, le produit ſera la capacité d'une circonvolution du Tube hélice.

La solution de ce Problême sera facilement entendue d'après les Propositions que j'ai établies plus haut ; & dont il résulte que la capacité d'une circonvolution de Tube hélice est égale au produit de sa base par une ligne moyenne proportionnelle arithmétique entre les Hélices m & p qui mesurent les longueurs des deux élémens extrêmes.

On peut trouver d'une maniere plus abrégée les quatre quantités m, p, n, q du Problême précédent ; pour cela soit le rapport du diametre d'un cercle à sa circonférence comme $\delta = 1$ est à ϵ, & l'on aura les équations qui suivent :

$$m = \sqrt{\overline{\epsilon a}^2 + \overline{\tfrac{2ab}{3B}}^2}.$$

$$p = \sqrt{\overline{\epsilon a + 2\epsilon A}^2 + \overline{\tfrac{2ab}{3B}}^2}.$$

Si A $=$ a, on aura,

$$p = \sqrt{3\varepsilon a + \frac{2ab}{3B}}^{\,2}.$$

$$n = \frac{2a^2 b\varepsilon}{3B\delta m}.\quad q = \frac{2a^2 b\varepsilon + 4aAb\varepsilon}{3B\delta p}.$$

Si A $=$ a, on aura $q = \frac{2a^2 b\varepsilon}{Bp}$, & les deux dernieres équations pourront se changer dans les suivantes :

$$\text{Log}\, n = \log \frac{a^2 b}{Bm} + 0,3210596.$$

$$\text{Log}\, q = \log \frac{a^2 b}{Bp} + 0,7981809.$$

Dans tout ce calcul, j'ai supposé $\delta = 1$, ce qui m'a donné 0, 4971509 pour logarithme de ε. Je ne donne point de méthode particuliere & immédiate pour trouver la valeur des arcs hydrophores; mais il est constant qu'elle sera toujours plus grande que la moitié de la capacité totale. Pour se le persuader, il suffit de jetter les yeux sur la Figure 6, où l'arc hydrophore ou portion de circonvolution qui est au-dessous du niveau AE de l'eau, est sensiblement plus grande que celle qui est au-dessus. Cependant dans les calculs que j'ai faits de ces arcs hydrophores, je ne les ai estimés que de la moitié de la circonvolution entiere ; & c'est en les calculant sur ce pied que j'ai dressé une Table qui est comme le tarif du produit de la Limace sur différents diametres & pour plusieurs inclinaisons. *Voyez la premiere Table.*

Le P. Belgrado développe fort au long une méthode pour déterminer immédiatement la valeur d'un arc hydrophore ; & cette méthode est celle de Daniel Bernoulli. Elle consiste à trouver par des calculs assez étendus la longueur d'un arc hydrophore, & à faire enſuite cette proportion : *la longueur d'une circonvolution entiere du Tube eſt à ſa capacité, comme la longueur de l'arc hydrophore eſt à la ſienne.* Mais outre qu'il n'a point donné préliminairement de maniere géométrique de meſurer la continence d'une circonvolution de Tube hélice, l'analogie précédente n'exiſte point. Pour que cela fût ainſi, il faudroit que la ſection du niveau de l'eau ſe fît perpendiculairement à la longueur du Tube hélice, ce qui n'arrive pas à beaucoup près, & même les ſections des deux extrémités d'un arc hydrophore ne ſont pas ſemblables. La méthode de Daniel Bernoulli eſt donc très-défectueuſe, & ne ſçauroit être employée dans la pratique sans une erreur considérable.

PROBLÊME VII.

Etant donnés (*fig.* 1) la quantité $\frac{2c}{3}$, & le sinus b de l'angle d'inclinaison de la Vis, trouver la quantité SU $= r$ dont l'eau s'éleve à chaque circonversion.

Solution.

Faites sin-BSU, sin-UBS :: BU, SU; ou bien,

R, B :: $\frac{2c}{3}$, r; c'est-à-dire que $r = \frac{2Bc}{3R}$.

PROBLÊME VIII.

Etant données la longueur de la Vis & la quantité $\frac{2c}{3}$, trouver le nombre s des circonvolutions du Tube hélice.

Solution.

Otez de la longueur de la Vis la

quantité $e = WC$ (*fig.* 1) trouvée par le second Problême ; puis divisez le reste CF par la quantité $\frac{2c}{3}$ du premier Problême, le quotient diminué d'une unité sera le nombre s requis.

PROBLÊME IX.

Etant donnés, le poids t de l'eau que fournit la Vis à chaque circonversion, le nombre s des circonvolutions du Tube hélice, le chemin u que parcourt le moteur à chaque tour, avec la quantité r du septieme Problême, déterminer l'effort v de la puissance motrice.

Solution.

Faites $u, r :: ts, v$; c'est-à-dire que

$$v = \frac{rst}{u}.$$

PROBLÊME X.

Etant donnés les deux élémens

extrêmes BGC $=m$ & DFE $=$ p (*fig.* 12) d'une Sciadique avec sa largeur BD $=$ A ; décrire cette Sciadique sur un plan, ou ce qui revient au même, déterminer les longueurs AD $=x$ & AB $=y$, des rayons qui serviront à la décrire.

Solution.

Dans ce Problême on connoît les deux élémens extrêmes m & p ; par conséquent on connoît leur raison $\frac{p}{m}$ qui est en même temps celle des rayons AD & AB, quantités cherchées. On connoît de plus la différence A de ces deux rayons, qui est la largeur de la Sciadique. Ainsi la question se réduit à *trouver deux nombres dont on connoît le quotient & la différence.* Faisons donc $\frac{p}{m}=\frac{x}{y}$, & $x-y=$ A. La premiere de ces équations se transforme en $py = mx$, dont on tire $\frac{mx}{p}$ valeur de y. Si on substitue cette valeur de y à sa place dans la seconde équation, on aura $A = x - \frac{mx}{p}$ que l'on change en $pA = px - mx$, & dont on tire enfin la valeur du plus grand rayon AD; c'est $x = \frac{pA}{p-m}$. C. Q. F. T.

Sur le rayon x décrivez une circonférence; décrivez encore une circonférence concentrique sur le rayon $y = x - A$.

Cherchez la valeur absolue de la circonférence de l'un des deux cercles concentriques décrits; par exemple la valeur absolue μ en pieds de la grande circonférence DFED, & faites l'analogie suivante : $\mu, p :: 360, \omega = \frac{360p}{\mu}$. ω exprimera en degrés & minutes la valeur des arcs des cercles concentriques égaux aux quantités m & p, & par conséquent la portion qu'il faudra prendre de la couronne circulaire décrite, pour avoir une circonvolution de Sciadique.

PROBLLÊME XI.

Etant connus, la largeur d (Problême second) d'une Chonique, & les diametres γ = DF (*fig.* 9) & θ = BC de cercles qui auroient pour circonférences, le premier m & le second p, tracer sur un plan une circonvolution de Chonique.

Préparation.

Soit représenté par BDFC (*fig.* 9) le cône tronqué dont la surface latérale seroit égale à celle de de cette circonvolution de Chonique.

Solution.

Prenez la différence $z = BG$ entre $\frac{\gamma}{2} = DE$, & $\frac{\theta}{2} = BH$;

puis faites :

BD, BG :: sin-BGD, sin-BDG = BAH;

ou bien ;

d, z :: R ; sin-& ; c'est-à-dire que

$$\& = \frac{zR}{d}.$$

Faites encore,

sin-BAH, sin-BHA :: BD, BA;

ou bien,

sin-&, R :: $\frac{\theta}{2}$, φ ; c'est-à-dire que

$$\varphi = \frac{R\theta}{\text{sin-}\& \times 2}.$$

φ sera le rayon du cercle dont p est une partie de la circonférence, & $\varphi - d$ le rayon du cercle dont m est une partie de la circonférence,

On décrira donc deux cercles concentriques qui auront pour rayon le plus grand φ, & le plus petit $\varphi - d$. On cherchera ensuite la valeur absolue de la circonférence de l'un de ces deux cercles ; par exemple la valeur absolue μ en pieds de celle qui aura φ pour rayon ; & l'on fera l'analogie suivante comme dans le Problême dixieme :

$$\mu, p :: 360, \frac{360p}{\mu} = \omega.$$

ω exprimera en degrés & minutes la valeur des arcs de cercles concentriques égaux aux quantités m & p, & par conséquent la portion qu'il faudra prendre de la couronne circulaire décrite pour avoir une circonvolution de Chonique.

Dans tout le calcul de ce Problême, on n'a besoin que de deux quantités que l'on trouvera par les équations ſuivantes : $\varphi = \frac{ApR}{Bp - Bm}$, & $\omega = \frac{180Bp - 180Bm}{A\varepsilon R}$.

On pourra encore réſoudre ce Problême comme le dixieme, en ſubſtituant la quantité *d* à la place de A.

PROBLÊME XII.

Etant donnés l'inclinaiſon de la Vis, la grandeur de ſon diametre total, & la grandeur du diametre du noyau, déterminer, par des expériences, quelle doit être la largeur du Tube hélice, pour être la plus avantageuſe poſſible.

Solution.

Soit l'inclinaiſon de 45 degrés, le diametre de la Vis de ſix pouces

& celui du noyau d'un pouce. Avant que de conſtruire le Tube, on fera d'abord le calcul de la Chonique, comme ſi le niveau de l'eau devoit paſſer par le ſommet pneumatique d'un tube conſtruit ſur un noyau de deux pouces de diametre ; après quoi les deux analogies du ſecond Problême ſe réduiront à celles-ci : b, R :: A, d :: $2\frac{1}{2}$, d; c'eſt-à-dire que $d = \frac{5R}{2b}$; c'eſt la largeur qu'il conviendra de donner à la Chonique ; & alors $\varphi = \frac{5R}{2b}$ ſera la valeur du rayon le plus petit des deux cercles concentriques, la ſeconde analogie ſera B, b :: A, d :: $2\frac{1}{2}$, e, dont on tire l'équation $e = \frac{5b}{2B}$. On conſtruira la Vis ſuivant ces dimenſions, mais ſur un noyau d'un pouce de diametre, & l'on obſervera la quantité d'eau qu'elle fournira à chaque verſement.

Conſervant la même inclinaiſon & le même diametre de la Vis, on ſuppoſera le diametre du noyau de 1 $\frac{1}{2}$ pouces, & l'on fera les calculs comme ſi l'on ſe propoſoit de conſtruire ſur ce noyau un Tube, de maniere que le niveau de l'eau paſsât par le ſommet pneumatique ; mais on le conſtruira réellement ſur un noyau d'un pouce de diametre ; & l'on meſurera le produit de l'eau.

On fera de même des calculs pour des cylindres de 2 pouces, de 2 $\frac{1}{2}$ pouces, de 3 pouces, &c. mais on conſtruira toujours ſur des noyaux d'un pouce, juſqu'à ce que l'on ait trouvé la largeur du Tube hélice qui rend les arcs hydrophores plus grands.

AVIS

à l'Artiſte qui ſera chargé d'exécuter la Limace.

JE crois avoir aſſez expliqué tout ce que l'on peut exiger relativement au calcul des dimenſions de la Vis d'Archimede : il convient que j'ajoute quelques Inſtructions pour l'Artiſte qui ſera chargé de l'exécuter. Il importe ſur-tout que la courbure du Tube ſoit bien réguliere, bien uniforme, & d'une égale grandeur dans toute ſa longueur. Pour parvenir à lui procurer ces conditions, il ne ſuffit pas d'avoir meſuré ſcrupuleuſement les pieces qui doivent en compoſer la ſtructure, il faut encore les raſſembler avec la plus grande juſteſſe; & c'eſt la partie la plus difficile. On décrira d'abord ſur la convexité du noyau la trace qui doit être ſuivie par la Chonique, c'eſt une ligne hélice: Il ne ſera pas difficile d'imaginer comment on doit s'y prendre. Nous avons déjà vu la maniere dont Vitruve s'eſt ſervi : M. Pitot nous fournit un autre moyen : » La mé-» thode la plus ſimple, dit-il, » pour tracer la Vis ou l'Hélice au-» tour d'un cylindre, eſt de prendre » la hauteur ou la longueur du cy-» lindre pour un côté d'un triangle » rectangle, de faire la longueur de » l'autre côté égale à autant de fois » la circonférence de la baſe du cy-» lindre que la Vis ou Hélice doit » faire des tours ou des révolutions » ſur le cylindre; & enfin ce trian-» gle étant enveloppé ſur le cylin-

» dre, ſon hypothénuſe formera le » contour de la Vis ou Hélice«.

Daniel Bernoulli forme un rectangle égal au développement de la ſurface latérale d'un cylindre, trace deſſus des lignes obliques qui ſe rencontrent les unes dans le prolongement des autres, & forment une Hélice, lorſqu'on recouvre le cylindre, de ce plan.

Ces deux manieres ſont véritablement très-ſimples; mais il ſemble qu'elles doivent être un peu embarraſſantes, ſur-tout ſi la Machine doit avoir une certaine grandeur.

J'ai fait exécuter une Limace; & voici comment je m'y ſuis pris. Lorſque le cylindre étoit encore ſur le tour, j'ai fait tracer d'un bout à l'autre ſur ſa convexité deux lignes droites diamétralement oppoſées, c'eſt-à-dire dont les extrémités ſe ſeroient rencontrées avec les extrémités de deux diametres tirés ſur les baſes du cylindre. Cela fait, j'ai premierement marqué avec un compas la portion BJ $= e$ (*fig.* 6), où doit commencer la premiere circonvolution de l'Hélice. Sur la ligne oppoſée j'ai porté d'une ſeule ouverture de compas les quantités $e + \frac{b}{3} = OC$; puis ayant pris la largeur oblique $\frac{2c}{3}$ du Tube, je l'ai portée de B en F & de F en L, &c. Je l'ai portée de la même façon ſur le côté oppoſé de C en E, juſqu'à l'extrémité du noyau : enſuite par le moyen d'une lame de tole appliquée ſur les points B & C & touchant par-tout la ſurface du cylindre, j'ai tracé la portion d'Hélice BC; j'ai ſemblablement décrit CF,

FE, EL, &c. & enfin l'Hélice entiere ſur laquelle doit être arrêtée la Chonique. J'ai auſſi marqué ſur le commencement du noyau les points $OM = \frac{c}{3}$ & $JM = \frac{2c}{3}$ que j'ai joint en formant une circonvolution d'Hélice par le moyen de la regle de tole. C'eſt ſur cette derniere Hélice que j'ai arrêté une circonvolution de Sciadique à l'extrémité de laquelle j'ai ſoudé le bord ADG de la premiere circonvolution de Chonique. Par cette précaution je n'ai trouvé aucune difficulté à faire convenir l'autre bord BCF avec le noyau ſur lequel je l'ai arrêté ſuivant toute ſa longueur. J'ai eu ſoin de recouvrir le canal intercepté par l'involution de la Chonique, à meſure que je l'ai entortillée. Immédiatement au-deſſous de la bouche ſupérieure du Tube, j'ai fait joindre avec de la ſoudure une couronne circulaire pour ſervir d'ourlet, & empêcher que l'eau ne deſcende extérieurement le long de la Machine. Je ſuis perſuadé que la pratique fera trouver cette maniere d'ajuſter le Tube ſur le noyau, plus commode & plus exacte qu'aucune autre.

La matiere propre à exécuter le Tube eſt le Cuivre, le Fer-blanc, &c.

M. Deparcieux qui a bien voulu me faire quelques objections ſur différents points de cette Théorie, a contribué par-là à me la faire travailler davantage : c'eſt à lui que je ſuis redevable de la découverte de ce que j'ai appellé ſommet pneumatique. Il m'avoit dit qu'il ne croyoit pas que la Limace fût perfectionnée en aucune façon, comme je l'avois pensé d'abord, par la multiplication des Tubes hélices; & ce fut en réfléchissant sur cette objection, que je découvris le sommet pneumatique. Le même Académicien m'a fait remarquer en dernier lieu quelques difficultés concernant l'usage de la Limace. Par exemple comment la réparer, lorsqu'un long service ou quelque accident aura causé quelque rupture intérieure? Comme le Public est en droit de me faire la même question, je lui dirai d'avance ce que j'ai répondu à M. Deparcieux. D'abord on connoîtra facilement la circonvolution du Tube où se trouve la fracture. Pour cela la Vis étant sous l'inclinaison qui lui convient, on fera remplir d'eau tous les arcs hydrophores; au bout de quelques heures on fera dégorger l'eau par en haut, ayant soin de compter les conversions; & celle qui ne rendra que peu ou point d'eau, répondra à la circonvolution défectueuse comptée du haut de la Machine. Si les versemens se trouvoient à peu près égaux pour toutes les conversions, on jugeroit que le défaut n'est pas du côté où avoit séjourné l'eau: dans ce cas on remplira de rechef les arcs hydrophores, & on laissera reposer la Vis sur un autre côté. Enfin l'endroit de la fracture ayant été remarqué, comme le Tube n'est composé que de pieces soudées, on en détachera une ou deux qu'il sera facile de rétablir aussitôt qu'on aura fait les réparations intérieures de la Machine.

La Vis d'Archimede, telle que je viens de la faire connoître, sera très-commode pour épuiser une grande quantité d'eau en peu de temps : je n'imagine pas, par exemple, qu'il puisse y en avoir de plus propre à épuiser la Gare à Paris. On y a déjà employé une Machine de ce nom ; mais il n'y a point de comparaison entre cette derniere & celle dont je parle ici, tant pour la solidité que pour la différence énorme entre les produits d'eau. (Ce que je dis ici n'est pas pour faire admettre ma Machine) à l'exclusion de toute autre ! Des personnes plus instruites & plus expérimentées à qui la conduite de cet important Ouvrage sera confiée, préféreront sans doute celle qui sera la moins dispendieuse au Public.

En Hollande, cette Machine ſera très-utile pour deſſécher les Marais qui noyent une partie des Terres de la République. Par ſon moyen on pourroit peut-être rendre un grand ſervice à la Ville de Rome. Il y a dans ſes environs des eaux croupiſſantes dont l'exhalaiſon corrompt la ſalubrité de l'air, enſorte qu'il eſt dangereux de s'y promener au ſerein.

Des hommes peuvent être employés à faire mouvoir la Limace; mais ſi l'on veut faire élever des eaux par continuation, il vaudra mieux la faire agir par l'impulſion des eaux mouvantes, ou par la puiſſance des Vents. J'expliquerai au ſixieme Chapitre la Théorie d'un Volant très-propre à cet emploi.

La Vis d'Archimede, qui autrefois a été d'uſage ſur les Navires, ne pourroit-elle plus y trouver ſa place, à préſent qu'elle eſt plus parfaite? Souvent un Vaiſſeau périt, ou parce que les Pompes ſe trouvent en mauvais état, ce qui arrive fréquemment, ou parce qu'elles ne ſuffiſent point pour vaincre une voie d'eau un peu conſidérable. La Limace ne ſeroit point ſujette aux interruptions de travail & aux frais des réparations comme les Pompes.

CHAPITRE IV.

De la force qu'il convient de donner au noyau de la Limace, & de la force des Bois en général.

Je ne puis me dispenser de parler ici de la grosseur qu'il convient de donner au noyau de la Vis. Vitruve prescrit, comme on l'a vu, de le construire de telle sorte que son diametre soit la seizieme partie de sa longueur, & la moitié du diametre total de la Machine ; c'est-à-dire que si la Limace doit avoir, par exemple, deux pieds de diametre sur seize de longueur, le noyau sera d'un pied de diametre. Mes Lecteurs exigent sans doute que je leur donne quelque chose de plus satisfaisant à

& cet objet eſt ſans contredit le plus difficile à bien remplir. Mais pour éviter, autant qu'il dépendra de moi, les reproches que l'on ſeroit en droit de me faire, ſi je laiſſois à deſirer une des parties les plus eſſentielles de ma Théorie, je donnerai une courte explication de la réſiſtance des Bois, ou plutôt je l'emprunterai de MM. de Buffon & du Hamel qui ont travaillé avec tant de ſuccès ſur cette matiere. C'eſt à eux que les Conſtructeurs auront tous les temps des obligations infinies ; puiſque les expériences prodigieuſes qu'ils ont été obligés de faire pour connoître la loi de la force des Bois, auroit peut-être découragé tout autre qui les auroit entrepriſes.

» Le tronc des arbres, (c'eſt

» M. du Hamel qui parle) eſt for-
» mé par un nombre de couches li-
» gneuſes qui ſont jointes les unes
» aux autres par un tiſſu plus rare.
» Ces couches ſont des orbes con-
» centriques qui indiquent à peu près
» l'accroiſſement de chaque année.
» Comme les couches intermédiai-
» res qui joignent ces couches li-
» gneuſes ſont plus rares & moins
» fortes que les couches ligneuſes,
» on peut les conſidérer dans un
» corps d'arbre, comme des tuyaux
» qui ſeroient mis les uns dans les
» autres, & qui ſeroient réunis par
» une eſpece de colle.

» Galilée s'étant propoſé de con-
» noître le rapport qu'il y a entre
» la force directe ou abſolue des
» corps & leur force tranſverſale &
» reſpective, a ſuppoſé que dans un

» corps qu'on furcharge, les fibres
» rompoient dans un même inftant.

» MM. Mariotte & Leibnitz s'é-
» tant apperçus qu'il n'y avoit point
» de corps, fi roide qu'il fut, fût-ce
» du verre, qui ne s'étendît un peu
» avant de rompre, ils ont compris
» cet élément effentiel dans leurs
» Problêmes.

Il fembloit alors que ces illuftres
» Mathématiciens avoient épuifé
» cette matiere : auffi MM. Vari-
» gnon & Parent adopterent-ils leurs
» principes. Cependant M. Bernoulli
» a prouvé qu'il y avoit dans un
» corps prêt à fe rompre, dans une
» poutre, par exemple, des fibres
» qui étoient en contraction & d'au-
» tres en dilatation. Des confidéra-
» tions différentes de celles de
» M. Bernoulli m'ont amené à le

» penser de même, & m'ont fait
» naître l'idée de quelques expé-
» riences «.

Il seroit long de déduire ici toutes les conséquences qui suivent des expériences de M. du Hamel, il faut avoir recours à son excellent Ouvrage de l'exploitation des Bois: par ces expériences M. du Hamel prouve incontestablement

1°. » Que dans une poutre qui
» est soutenue par ses extrémités &
» chargée à son milieu, il y a des
» fibres qui sont en condensation &
» d'autres en dilatation.

2°. » Que souvent la somme des
» fibres qui sont en condensation est
» beaucoup plus considérable que la
» somme des fibres qui sont en dila-
» tation.

3°. » Que le rapport de la somme

» des fibres qui ſont en condenſa- » tion à la ſomme des fibres qui ſont » en dilatation, eſt variable ſuivant » différentes cauſes phyſiques : ſça- » voir 1°. la diſpoſition que les fibres » ont à ſe condenſer ou à s'étendre ; » 2°. la force propre des fibres de » différens Bois ; 3°. le degré de » courbure que les pieces de bois » prennent ſous la charge, &c.

» 4°. Que la force des fibres li- » gneuſes qui ſont comprimées dans » le ſens de leur longueur, ainſi que » celle des mêmes fibres qui ſont » tirées ſuivant cette même direc- » tion, eſt très-conſidérable.

» 5°. Que la force des pieces de » bois ſeroit des plus grandes, ſi les » fibres qui les compoſent n'étoient » ni compreſſibles ni dilatables.

» 6°. Que la force de ces pieces

» dépend encore beaucoup de la co-
» hérence des fibres & des couches
» ligneuſes les unes avec les autres ».

J'aurai tout-à l'heure occaſion de faire l'application de quelques réſultats des épreuves de M. du Hamel : je dois rendre compte avant de la méthode que j'ai ſuivie pour dreſſer une Table de la force des bois pour différentes groſſeurs & longueurs. J'ai pris pour modele la Table des Expériences de M. de Buffon, qui ſe trouve dans les Mémoires de l'Académie des Sciences. Différentes combinaiſons m'ont fait remarquer que toutes les charges de chaque colomne verticale multipliées par les quarrés des portées des pieces, étoient à peu près en progreſſion géométrique croiſſante; que le quotient de cette progreſſion étoit

1, 117 ou environ, & qu'il étoit commun à toutes les colonnes verticales de la Table. Ceci m'a donc fourni un moyen facile, quoiqu'un peu méchanique, de trouver toutes les charges de chaque colomne verticale dont j'avois un terme connu. D'après cette considération j'ai dressé une Table que j'ai comparée à celle de M. de Buffon. Dans ces deux Tables, qu'on verra ci-après, on trouvera quelque différence entre certains termes, mais qu'on ne doit pas imputer tout-à-fait à la méthode que j'ai suivie, puisqu'on trouve dans les Expériences de M. de Buffon que deux, trois & quatre pieces de même solidité, parfaitement semblables, de la même espece de bois & prises dans le même terrein, ont cassé sous des charges bien différentes. Pour en citer un exemple, deux pieces de 7 pouces d'équarissage sur 12 pieds de longueur ont rompu, l'une sous la charge de 16800 livres, & l'autre sous celle de 15550 : deux autres pieces de 5 pouces d'équarissage & 7 pieds de longueur ont rompu, l'une sous le poids de 11775 livres, & l'autre sous celui de 11275. En général deux pieces, trois pieces, &c. de mêmes dimensions ont presque toujours rompu sous des charges très-différentes : par conséquent on ne doit pas être rebuté d'en trouver entre quelques nombres de ma Table & celle de M. de Buffon : & pour qu'on puisse avoir plus de confiance en mes Calculs, j'ai pris entre toutes les Expériences de M. de Buffon un moyen proportionnel tel que la différence de ma Table eſt ordinairement plutôt en défaut qu'en excès.

Quant à la détermination des nombres qui ſont dans la premiere colomne horiſontale, je me ſuis ſervi de l'analogie de M. Bernoulli : *La réſiſtance du Bois eſt comme la largeur de la piece, multipliée par le quarré de ſa hauteur*, en ſuppoſant les pieces de même longueur. Voilà tout ce qui a ſervi de fondement au tarif que je donne de la réſiſtance du bois de chêne.

Les nombres contenus dans la Table expriment la charge ſous laquelle la piece romproit ; & comme dans les ouvrages qui doivent durer long-temps, il ne faut donner au Bois tout au plus que la moitié de ſa charge, on ne doit eſtimer la force du Bois que ſur le pied de la moitié des nombres contenus dans cette Table.

Les pieces que M. de Buffon a fait rompre étoient des parallélipipedes à bases quarrées. Dans les Expériences ces pieces étoient posées horisontalement sur deux tréteaux: Une piece de huit pouces d'équarissage sur douze pieds de longueur portoit de six pouces sur chaque tréteau. Cette portée de six pouces étoit celle des solives de douze pieds, celles de vingt-quatre pieds portoient de douze pouces, & ainsi des autres qui portoient toujours d'un demi-pouce par pied de longueur. Pour ce qui est de la charge, elle étoit appliquée juste sur le milieu de la piece. Ce n'est point à raison de la longueur, mais uniquement de la portée qu'il faut estimer la force d'une solive.

Les formes de ſolives qui ſont d'un uſage plus fréquent, ſont les priſmes ou parallélipipedes, dont les baſes ſont des quarrés égaux ; les parallélipipedes, dont les baſes ſont des parallelogrammes rectangles & les cylindres ou rondins. La Table qu'on trouve ici eſt dreſſée pour les pieces à baſe quarrée comme je l'ai déjà dit : mais on en fera facilement l'application aux pieces dont la baſe ſeroit un parallélogramme ou un cercle.

A l'égard des ſolives dont les baſes ſont des parallélogrammes, on aura la valeur de leur force, en ſe ſervant du rapport déjà cité : *La réſiſtance du Bois eſt comme la largeur de la piece, multipliée par le quarré de ſa hauteur ;* dont on peut tirer celle-ci qui eſt plus ſimple :

La force d'une ſolive quarrée, eſt à la force d'une autre ſolive de même longueur & largeur, mais dont la hauteur eſt différente ; comme le quarré de la hauteur de la premiere ſolive, eſt au quarré de la hauteur de la ſeconde.

M. du Hamel voulant faire des Expériences, pour connoître dans les barreaux de même volume quelle eſt la forme d'équariſſage qui les rend capables d'une plus grande réſiſtance, a fait rompre vingt barreaux de même longueur, & qui portoient tous cent lignes de baſe, mais qui avoient différens équariſſages. Quatre barreaux qui avoient dix lignes de hauteur & dix lignes de largeur, ont porté 131 livres chacun.

Quatre barreaux qui avoient

douze lignes de hauteur ſur huit lignes & un tiers de largeur, ont porté 154 livres.

Quatre barreaux qui avoient quatorze lignes de hauteur & ſept & un ſeptieme de largeur, ont porté chacun 164 livres.

Quatre barreaux qui avoient ſeize lignes de hauteur & ſix & un quart de largeur, ont porté chacun 180 livres.

Quatre barreaux qui avoient dix-huit lignes de hauteur, & cinq & demie de largeur, ont porté chacun 243 livres.

Quant aux rondins ou pieces cylindriques, on ne peut mieux connoître leur rapport aux pieces quarrées de la Table que par des Expériences qui n'ont pas encore été aſſez multipliées à cet égard.

M. Coſſigny, Directeur des Fortifications de Beſançon, a fait rompre de différentes eſpeces de Bois, des ſolives de dix-huit pouces de longueur & d'un pouce en quarré, trois de chaque eſpece particuliere. Ces ſolives, dans l'Expérience, étoient fortement ſerrées par les deux bouts. La réſiſtance moyenne des pieces de Bois-puant s'eſt trouvée de 959, celle du Bois de natte de 1090 livres, celle du Bois de colophone de 917 livres 5 onces, celle du Tacamahaca de 952 livres 5 onces, celle du Bois-blanc dit de violon de 442 livres 5 onces, celle du Bois de pomme de 945 livres 5 onces, celle du Chêne d'Europe de 825 livres 10 onces, & celle du Sapin d'Europe de 713 livres 10 onces. M. Coſſigny ayant enſuite fait préparer au Tour des barreaux ronds de dix-huit pouces de longueur & d'un pouce de diametre, trois aussi de chaque espece de Bois, les a fait rompre étant serrés par les deux bouts comme dans les premieres Expériences. La force moyenne du Bois-puant a été de 751 livres, celle du Bois de natte de 1121 livres 6 onces, celle du Bois de colophone de 536 livres 12 onces, celle du Tacamahaca de 742 livres 12 onces, celle du Chêne d'Europe de 692 livres 12 onces, & celle du Sapin d'Europe de 533 livres 12 onces.

Si donc on compare la force des pieces quarrées à la force des pieces cylindriques, on trouvera que le rapport entre ces deux figures sera 1,277 pour le Bois-puant, 1,709 pour

pour le Colophone, 1, 281 pour le Tacamahaca, 1, 220 pour le Chêne, & 1, 337 pour le Sapin. On peut aussi déduire la raison entre la force des parallelipipedes & celle des rondins de Sapin de même longueur & grosseur, des Expériences rapportées au Chapitre VI du Livre sur la force des Bois, par M. du Hamel. Je l'ai trouvée être 1, 341 peu différente de celle qui précede, 1, 337; & c'est ce qui me porte à présumer que cette raison pourroit bien être plus ou moins grande suivant les différentes especes de Bois. Quoiqu'il en soit de cette conjecture, on pourra toujours trouver assez exactement le rapport entre la force d'une piece quarrée & celle d'un cylindre, soit qu'on se serve de la raison qui convient à chaque espece particuliere de Bois, ſoit qu'on prenne un moyen proportionnel arithmétique entre les raiſons de toutes les eſpeces. La force d'une piece quadrangulaire diviſée par cette raiſon, quelle qu'elle ſoit, donnera la force du rondin de même longueur & de même baſe.

Il ſeroit à propos de placer ici une Table du rapport des forces des Bois de différentes eſpeces; mais je ne ſçache pas qu'on ait fait des Expériences ſur toutes les eſpeces de Bois. Les Expériences de M. Coſſigny nous fourniſſent quelques-uns de ces rapports; elles nous prouvent, par exemple, que la force du Chêne eſt à celle du Sapin, comme 825 livres 10 onces à 713 livres 10 onces, &c; parce que les pieces ſur leſquelles on a fait les épreuves étoient ſemblables.

On ſent bien qu'il ſeroit néceſſaire de faire encore de nouvelles Expériences en grand, pour s'aſſûrer davantage du rapport qu'ont entr'elles les ſolives de différens équariſſages. Il ne ſeroit pas moins important de faire rompre un certain nombre de pieces de chaque nature de Bois, afin d'avoir des termes de comparaiſon entre leurs réſiſtances particulieres.

» On ſeroit porté à croire, dit » M. de Buffon, qu'une piece qui, » comme dans mes Expériences, eſt » poſée librement ſur deux tréteaux, » doit porter beaucoup moins qu'une » piece retenue par les deux bouts, » & infixée dans une muraille, com» me ſont les poutres & les ſolives » d'un bâtiment; mais ſi on fait ré-

» flexion qu'une piece, que je suppose de vingt-quatre pieds de longueur, en baissant de six pouces dans son milieu, ce qui est souvent plus qu'il n'en faut pour la faire rompre, ne hausse en même temps que d'un demi-pouce à chaque bout, & que même elle ne hausse guère que de trois lignes, parce que la charge tire le bout hors de la muraille souvent beaucoup plus qu'elle ne le fait hausser ; on verra bien que mes Expériences s'appliquent à la position ordinaire des poutres dans un bâtiment. La force qui les fait rompre en les obligeant de plier dans le milieu & de hausser par les bouts est cent fois plus considérable que celle des plâtres & des mortiers qui cedent & se dégra-

» dent aisément ; & je puis assûrer, » après l'avoir éprouvé, que la différence de force d'une piece posée » sur deux appuis & libre par les » bouts, & de celle d'une piece fixée » par les deux bouts dans une muraille bâtie à l'ordinaire, est si petite qu'elle ne mérite pas qu'on y » fasse attention «.

» J'avoue qu'en retenant une » piece par des ancres de fer, en la » posant sur des pierres de taille, & » en la chargeant par-dessus d'autres » pierres de taille dans une bonne » muraille, on augmente considérablement sa force. J'ai quelques » Expériences sur cette position, » dont je donnerai des résultats » dans un autre Mémoire. J'avouerai même de plus que si une piece » étoit invinciblement retenue &

» inébranlablement contenue par les » deux bouts dans des enchâtres » d'une matiere inflexible & parfai- » tement dure, il faudroit une force » presque infinie pour la rompre; » car je démontrerai que pour rom- » pre une piece ainsi posée, il fau- » droit une force beaucoup plus » grande que la force nécessaire » pour rompre une piece de bois de » bout, qu'on tireroit ou qu'on » presseroit suivant sa longueur.

» Dans les bâtimens & les conti- » gnations ordinaires les pieces de » Bois sont chargées dans toute leur » longueur & en différents points, » au lieu que dans mes Expériences » toute la charge est réunie dans un » seul point au milieu. Cela fait une » différence considérable, mais qu'il » est aisé de déterminer au juste:

» c'eſt une affaire de calcul que je » renvoie à nos Aſſemblées particu- » lieres ; il me ſuffira d'obſerver ici » que cela ne change rien à la ſuite » ni aux réſultats phyſiques de mes » Expériences, ſeulement je tirerai » de ces recherches géométriques » une Table calculée pour les diffé- » rentes portées & épaiſſeurs des » planchers, qui ſera fort utile aux » Charpentiers & aux Architectes ; » & il ne paroît pas poſſible de rap- » procher davantage la Phyſique de » la Pratique «.

D'autres occupations ont ſans doute empêché M. de Buffon de remplir ſes promeſſes, du moins je ne connois pas le Mémoire qu'il ſe propoſe ici de donner. Pour ce qui eſt de l'effort que fait ſur le milieu d'une ſolive une certaine charge diſtribuée également ſur toute ſa longueur, il me paroît qu'on peut la déterminer comme il ſuit.

Soit une ſolive C B (*fig.* 10) appuyée horiſontalement ſur deux tréteaux en C & en B. La charge totale étant diſtribuée également ſur la longueur de la piece entiere, dont le milieu eſt ſuppoſé en A, chaque moitié de cette charge ſera auſſi diſtribuée également ſur toute la longueur de chaque moitié AB ou AC de la ſolive. Or il eſt inconteſtable que ſi après avoir diviſé en deux cette ſolive, l'on applique deux puiſſances, une à l'extrémité A de chaque ſegment, ces puiſſances ſoutiendront chacune la moitié de la charge diſtribuée le long de chaque ſegment, ou ce qui revient au même le quart de la charge totale diſtribué ſur la ſolive entiere. Donc les deux puiſſances ſoutiendront enſemble la moitié de cette charge. Donc une charge quelconque diſtribuée également ſur toute la longueur d'une ſolive, ne peſe ſur le milieu de cette ſolive que de la moitié de ſon poids. Ce raiſonnement, qui peut s'appliquer à tout autre point de la longueur de la ſolive, ſemble prouver qu'une piece de bois chargée également ſur toute ſa longueur & appuyée horiſontalement par ſes deux extrémités, pourroit rompre indifféremment dans un point quelconque de ſa longueur : mais ſi l'on fait attention que les corps longs, de quelque matiere qu'ils ſoient, fléchiſſent toujours un peu ſous la charge avant que de rompre, & que ſitôt qu'une piece eſt arquée, la charge ne pese perpendiculairement à la longueur de cette piece que sur le point qui est également éloigné des deux bouts, on accordera facilement qu'une solive doit rompre à peu près vers le milieu.

Lorsqu'une piece est posée horisontalement & chargée suivant sa longueur, la charge fait d'abord plier la piece & la fait ensuite rompre. Lorsqu'une piece, chargée de la même maniere, est dans une position verticale, la charge, qui alors est entierement soutenue par l'appui d'en bas, pese uniquement sur la longueur de la piece, & tend à la briser en refoulant ses fibres : mais lorsque cette piece est dans une position inclinée à l'horison, alors une partie de la charge seulement pese suivant la longueur de la piece, tandis que l'autre partie pese dans une direction perpendiculaire à cette même longueur. Cette derniere partie doit toujours être comme le cosinus de l'angle d'inclinaison de la piece, & l'autre partie comme le sinus du même angle. Cette considération regarde en particulier notre Vis d'Archimede, dont le noyau sera toujours posé obliquement à l'horison.

Ce que l'on vient de voir sur la force des Bois concerne leur position sur deux trétaux; mais il arrive souvent que l'on emploie des solives en les scellant par un bout horisontalement, l'autre bout demeurant en l'air. Dans cette position une solive est bien moins forte que lorsque ses deux extrémités sont soutenues par deux appuis. M. Cosſigny a fait des épreuves pour ce cas ſur des barreaux ronds, faits au Tour, qui avoient les mêmes dimenſions que ceux dont j'ai déjà parlé. La force moyenne des barreaux de Bois de natte s'eſt trouvée de 69 livres 4 onces, celle des barreaux de Chêne d'Europe de 46 livres 12 onces, celle du Tacamahaca de 55 livres 4 onces, & celle du Sapin de 27 livres 4 onces. Il ſeroit à ſouhaiter que ces Expériences fuſſent plus multipliées & faites ſur des pieces de différents équariſſages. Il réſulte des opérations de M. Coſſigny que des poutres rondes ſcellées par une ſeule de leurs extrémités, l'autre étant en l'air, feroient plus foibles environ ſeize fois que celles qui ſont ſoutenues par leurs deux bouts. Je voudrois ſçavoir au juſte la longueur de la partie des rondins qui ſortoient du mur. Si la charge étoit diſtribuée ſur toute la longueur d'une piece plantée par une de ſes extrémités dans un mur, on trouveroit l'effort total du poids ſur l'extrémité de cette piece, en y appliquant le Problême précédent.

De la comparaiſon des effets du temps ſur la réſiſtance du Bois, faite par M. de Buffon, il réſulte que dans les conſtructions qui doivent durer longtemps, il ne faut donner au bois tout au plus que la moitié de la charge qui peut le faire rompre ; & il n'y a que dans les cas preſſans qu'on peut hazarder de donner au Bois les deux tiers de ſa charge.

Pour uſer de mes Tables avec prudence, il faudra avoir égard à différens accidens du Bois. Le jeune Bois, par exemple, eſt moins fort que le Bois plus âgé. Un barreau tiré du pied d'un arbre réſiſte davantage qu'un barreau qui vient du ſommet du même arbre. Un barreau pris à la circonférence près l'aubier, eſt moins fort qu'un pareil morceau pris au centre de l'arbre. Le Bois qui dans le même terrein croît le plus vîte eſt le plus fort; celui qui a cru lentement & dont les cercles annuels, autrement les couches ligneuſes ſont minces, eſt plus foible que l'autre. Le Bois verd caſſe plus difficilement que le Bois ſec; & en général le Bois qui a du reſſort réſiſte beaucoup plus que celui qui n'en a pas. Les arbres de même eſpece, mais de différens pays & de différens terreins, ont des réſiſtances différentes.

Les ſolives de ſciage ſont les plus mauvaiſes de toutes ; on ne doit employer, autant qu'il ſera poſſible, que du Bois de brin. Les nœuds, les gerçures, le fil tranché dans une piece doivent la faire rebuter.

Un ſoliveau qui ſort de l'eau eſt moins dur, on le coupe, on le ſcie plus facilement, il eſt moins fort, il plie ſous un poids qu'un ſoliveau ſec ſoutiendroit. Le Bois de Chêne de Provence perd environ un tiers de ſa force lorqu'il a ſéjourné un eſpace de dix mois dans la mer ; il en perd encore davantage quand il a été pénétré d'eau douce, & beaucoup plus encore quand il a été ſucceſſivement dans l'eau de la mer & dans l'eau douce. Des barreaux de Chêne de Provence, d'un Bois dur, fort-pesant, de couleur brune & vive, qui avoit les veines grosses, ont rompu par longs éclats dans les Expériences de M. du Hamel, sous une charge de 286 livres 4 onces. Des barreaux semblables & égaux aux premiers & de Chêne de Provence, mais d'un Bois souple sous l'outil, pliant, léger, de couleur blanchâtre & qui avoit la veine fine, ont rompu par longs éclats sous le poids de 255 livres 4 onces. Enfin des barreaux semblables aux précédens, de Chêne de Provence, d'un Bois pesant, de couleur brune & terne, les fibres séparés les unes des autres & toutes remplies entre deux d'une matiere grenue comme de la sciure de bois : ce Chêne paroissoit de même nature & qualité que les autres, & étoit de la même coupe; cependant

cependant les barreaux ont rompu ſans bruit & preſque tout net comme un navet ſous le poids de 177 livres. Cet arbre, ajoute M. du Hamel, étoit peut-être dans une expoſition différente; mais on a vu lorſqu'il s'agiſſoit d'examiner quelle étoit la meilleure ſaiſon pour abbatre les arbres que dans le même terrein & la même expoſition il y a des Chênes de même âge qui ſont beaucoup plus tendres, plus légers & plus diſpoſés à ſe pourrir les uns que les autres.

Les Bois de Chêne de Provence ſont donc très-inégaux en forces; (c'eſt toujours M. du Hamel qui parle) & conſéquemment très-différens auſſi dans le tiſſu de leurs fibres & la nature de leur ſeve; ce qui doit influer ſur leur durée.

Des Bois abattus dans le Comtat d'Avignon, qui étoient très-beaux à l'œil, de grande taille, ſans nœuds & d'un tiſſu uni, ſe ſont néanmoins trouvés très-foibles en comparaiſon de ceux de Provence. Par conſéquent les terreins qui ſont les plus propres pour former de beaux arbres, ne ſont pas ceux qui les donnent de la meilleure qualité; ce qui fait que dans les pays de montagnes on peut trouver des Bois de qualités fort différentes.

CHAPITRE V.

De quelques Expériences faites avec la Vis d'Archimede. Usages particuliers qu'on peut faire de cette Machine.

Le P. Belgrado a fait avec la Vis d'Archimede deux Expériences que j'ai répetées. Après avoir bouché hermétiquement l'extrémité supérieure du Tube hélice, & noyé l'autre extrémité dans un bassin rempli d'eau : 1°. si l'on fait mouvoir la Vis inclinée dans le sens qu'on la fait tourner pour élever de l'eau, c'est-à-dire à droite, l'eau entrera dans les arcs hydrophores, & les remplira, comme il arrive lorsque la bouche supérieure n'est pas fermée ;

2°. ſi on la tourne à gauche, l'eau emplira non ſeulement les arcs hydrophores, mais même toute la capacité du Tube hélice.

Ces Expériences & ſur-tout la ſeconde paroiſſent d'abord ſurprenantes; mais un peu de réflexion fait bientôt voir qu'elles n'ont rien que de très-conforme aux loix connues de la nature, qui ne permettent point aux fluides plus peſans de ſurnager ſur les plus légers.

Par rapport au premier cas, on n'a pas ſitôt tourné vers en haut ou du côté de la ſuperficie de l'eau la bouche plongée du Tube, que l'eau tombe dedans, en chaſſe l'air qui étant plus léger s'échappe à travers de l'eau. L'eſpace abandonné par l'air, reſte conſtamment occupée par l'eau, tant que l'on ne meut point la Machine : mais pendant qu'on lui fait achever sa conversion, l'eau glisse à l'ordinaire sur l'Hélice, & s'avance contre l'air qu'elle déplace continuellement & qu'elle chasse vers l'orifice inférieure du Tube. Cet orifice se retourne enfin vers la superficie de l'eau qui y retombe comme elle avoit fait d'abord, & oblige l'air qui s'en étoit approché de sortir entierement du Tube. Ainsi voilà déjà deux arcs hydrophores remplis, dont le plus élevé ou le premier rempli fait passer sans discontinuation l'air vers le suivant, qui le transmet à l'orifice d'où un troisieme volume d'eau l'oblige de s'échapper au dehors. Ce procédé ne cesse que lorsque tous les arcs hydrophores sont remplis. C'est alors que le moteur éprouve une résistance beaucoup plus grande, & sent dans la Machine des especes de secousses assez violentes, causées par le désordre de l'eau qui reflue & retombe sur elle-même ; ce qui lui imprime une sorte de mouvement divisé, une partie montant tandis que l'autre descend & produit un effet singulier que le P. Belgrado n'a pas remarqué, peut-être parce qu'il se servoit d'un tube dont le diametre étoit trop petit.

Pour le second cas, c'est-à-dire lorsqu'on tourne à gauche ; dès que la bouche inférieure du Tube est tournée vers en haut, l'eau y tombe comme dans le premier cas, & en fait sortir l'air dont elle occupe la place. Cette eau retomberoit hors du Tube, si après avoir retourné ſon orifice en bas on le tiroit du baſſin où il eſt plongé; mais la même choſe n'arrivera pas tant qu'il ſera plongé dans l'eau; la preſſion de l'athmoſphere ſur le baſſin ſoutiendra l'eau inſinuée dans le Tube pendant tout le temps qu'il ſera tourné vers en bas. Lorſqu'on aura aſſez fait mouvoir la Machine, pour que le niveau du volume d'eau qui eſt emporté d'un mouvement commun avec le Tube & dans le même ſens, ſurpaſſe un point comme F (*fig. 6*) ſur le cylindre, alors l'eau tombera dans un ſecond arc hydrophore en E, & en chaſſera l'air qui s'avancera vers F & de-là à l'orifice du Tube, d'où un nouveau volume d'eau le fera entierement ſortir. Cette nouvelle eau procédera comme la premiere : mais il eſt bon de remarquer que toute la quantité d'eau qui tombe d'abord dans la premiere circonvolution du Tube, ne paſſe pas dans la ſeconde, &c., il en reſte une partie, & c'eſt ce qui eſt cauſe qu'il faut un grand nombre de converſions pour que la Limace ſe rempliſſe de cette maniere. J'ai fait faire ainſi conſtamment 79 tours à la manivelle, conſervant la même vîteſſe, pour remplir entierement une Limace de ſix pouces de diametre, exécutée pour l'inclinaiſon de 55 degrés & dont l'involution entiere du Tube faiſoit 9 tours.

Lorſque je tournois la Machine à droite, l'air étoit conſidérablement condenſé dans le Tube, n'ayant pas vraiſemblablement une iſſue libre ſur la ſuperficie de l'eau dans chaque arc hydrophore. Lorſque je tournois à gauche, l'air étoit raréfié ; ce que je reconnoiſſois à l'enfoncement de la piece qui bouchoit l'ouverture du Tube, & qui devenoit un peu convexe dans la premiere Expérience. Cette dilatation de l'air étoit cauſée par la peſanteur de l'eau pompée dans le Tube, & qui étant ſuſpendue, faiſoit perdre l'équilibre entre l'air intérieur & l'extérieur.

Quoiqu'une Vis d'Archimede qui ſeroit exécutée ſur un très-petit noyau, ne fût pas applicable en grand à l'élévation des eaux, à cauſe qu'elle manqueroit de ſolidité, cependant elle pourra trouver ſa place dans les Arts : par exemple, il eſt certain que ſi l'on conſtruiſoit une Limace ſur 6 pouces plus ou moins de diametre ; qu'après avoir mis dans le Tube une quantité de mercure suffisante pour remplir exactement un arc hydrophore, on bouchoit hermétiquement les deux ouvertures du Tube, on auroit un moteur parfaitement uniforme & incomparablement plus régulier que ni les ressorts, ni les poids suspendus par des cordes. On pourroit donc l'appliquer avec succès aux pendules. Il seroit nécessaire que l'air eut un libre passage sur le mercure dans chaque arc hydrophore, on auroit égard à cela dans la construction. Il faudroit rendre la force du moteur aussi grande qu'il seroit possible, la grandeur de la Limace restant la même ; c'est pourquoi il faudroit la construire sur un très-petit noyau : elle contiendroit ainsi davantage de mercure. Ce que l'on peut objecter, c'eſt 1°. que peut-être ce moteur ne ſera pas aſſez puiſſant pour mettre en mouvement une pendule; 2°. qu'une Limace ſera plus volumineuſe qu'un reſſort, ce qui rendra une pendule trop embarraſſante. A cela je réponds, par rapport au premier cas, qu'avant de faire aucune dépenſe, on pourra s'aſſurer par le calcul, du degré de force qu'on pourra obtenir de ce nouveau moteur; & par rapport au ſecond, qu'il ſe trouve des perſonnes, par exemple des Phyſiciens, des Aſtronomes, &c. qui n'ont pas tant égard au volume d'une pendule qu'à ſa régularité. D'ailleurs on peut trouver moyen d'employer le moteur ſans augmenter conſidérablement le volume de la pendule.

J'expose l'idée qui m'est venue sur l'usage qu'on pouvoit faire de cette Machine dans l'Horlogerie. Je n'ai point entrepris de la faire adopter : cette affaire regarde les Horlogers. Ils sçavent trop bien discerner ce qui peut contribuer à la perfection de leur art, pour ne pas mettre à profit cette découverte, si elle est de quelque utilité.

On peut encore faire de la Vis d'Archimede deux emplois différens. On peut en composer une Horloge de sable pour la mer. Comme le Tube hélice peut être fort long sans occuper beaucoup d'espace, il marquera au moins les minutes pour plusieurs heures ; ce qui sera très-utile pour mesurer le sillage d'un Vaisseau, ou pour faire quelque observation astronomique. On sçait que les pendules qui ont éminemment la propriété de mesurer les minutes & même les secondes sur terre, la perdent dans les navigations de long cours, par la mauvaise qualité de l'air qui est plus corrosif sur mer que sur terre. M. de la Hire a eu la pensée avant moi de faire une Horloge de sable propre à marquer les minutes d'heure sur un Vaisseau; mais il proposoit de se servir d'un tuyau droit de verre de vingt pouces environ de hauteur, & d'une ligne & demie à peu près d'ouverture. Cette longueur de vingt pouces ne pouvoit pas donner des divisions ou minutes bien sensibles. Sans donner une aussi grande étendue à une Limace, on obtiendra de la courbure du Tube hélice des divisions incomparablement plus distinctes. Il faudra ſe ſervir d'une montre bien réglée pour marquer ces diviſions ; à chaque minute on marquera la hauteur du ſable.

Le ſecond uſage qu'on peut faire d'un Tube hélice, eſt de le ſubſtituer au tuyau ordinaire dans les Barometres. C'eſt une idée du P. Belgrado qui pourra faire plaiſir aux Phyſiciens : ils pourront ſe procurer des Barometres beaucoup plus parfaits & même plus commodes ; car un Tube d'une aſſez grande longueur n'occupera, comme on ſçait, qu'un aſſez petit eſpace, étant entortillé ſur un cylindre.

Dans les deux uſages précédens, la Limace ſera dans une poſition verticale : de plus elle ſera mobile ſur ſon axe, afin qu'on puiſſe ſuivre tout autour en la tournant, le mouvement du ſable ou du mercure. Le Tube pourra être à baſe ronde, comme dans les Limaces ordinaires; ou bien à baſe quadrangulaire, c'eſt-à-dire qu'il faudra le compoſer de deux Sciadiques. Ce Tube doit laiſſer des intervalles entre ſes circonvolutions, qui ſerviront à écrire les diviſions & ce que l'on voudra. Pour le conſtruire, on fera ſillonner un cylindre en hélice, & l'on fera ſouffler du verre fondu dans la trace; ce qui donnera un Tube de même forme que le canal creuſé.

On fait uſage de tamis cylindriques qui tournent ſur leur axe; apparemment qu'ils ſont très-commodes. Un tamis fait en Vis d'Archimede recevroit le bled moulu par une de ſes extrémités, & rendroit le ſon par l'autre; ce qui épargneroit quelque peine. Une partie des circonvolutions pourroit former un tamis fin & le reste un tamis plus gros; ce qui donneroit de la farine de deux qualités. Il me suffit d'indi quer ici cet Instrument dont je laisse le détail à ceux qui en peuvent avoir affaire.

L'expérience jointe à la réflexion pourra faire découvrir dans la Vis d'Archimede quelques autres propriétés avantageuses. Je prie le Lecteur de ne pas penser, d'après ces différentes applications, que je sois assez entêté de cette Machine sur laquelle j'ai travaillé, que d'en vouloir faire un usage presque universel. Seulement je suis persuadé que les emplois peuvent en être variés comme ceux de la Vis ordinaire : par exemple, on en tire tous les jours un service bien important sans s'en douter : c'eſt des aîles d'un Moulin à vent dont je veux parler. Il n'eſt pas certainement d'invention plus utile ; & c'eſt pour cela que la Théorie en a été recherchée par pluſieurs célebres Géometres, dont les uns ont fini par avancer que la Géométrie ne pouvoit rien ajouter à ce qu'avoit appris l'expérience, & les autres par prétendre en quelque ſorte que l'expérience étoit en défaut, & qu'ici elle n'étoit pas d'accord avec la méchanique. On étoit bien éloigné d'imaginer que les aîles d'un Moulin à vent fuſſent ou duſſent être une eſpece de Vis d'Archimede ; c'eſt-à-dire qu'elles fuſſent formées de pluſieurs portions de Tube hélice : c'eſt ce qui fera le ſujet du Chapitre ſuivant, que je regarde comme le plus précieux de ce Traité.

CHAPITRE VI.

Du Moulin à Vent.

LE Modele du Moulin à Vent fut apporté d'Asie en Europe au temps des Expéditions de la Guerre sainte. Il est probable que la nécessité, qui est la mere de l'industrie, a fait faire cette découverte aux Habitans de cette partie du Monde, la disette d'eau qui se trouve dans tout l'Orient ne leur permettant pas de se servir de Moulins à eau. Quoiqu'il en soit, le Moulin à vent est une de ces inventions auxquelles, à la vérité, on fait peu d'attention, parce qu'elles nous sont familieres & que la conduite en est abandonnée à des manœuvres; mais dont l'utilité eſt bien réelle, puiſqu'elles rendent à l'Humanité & à l'Etat une multitude de bras à qui elles procurent le repos, ou qui peuvent être employés à d'autres fonctions; on en peut dire autant du Moulin à eau.

Je donnerai d'abord la Deſcription & le Calcul du Moulin à vent tel qu'il eſt connu. J'expliquerai enſuite la conſtruction des aîles nouvelles, qu'il faut ſubſtituer à celles qui ſont préſentement en uſage, & le Calcul qui y eſt relatif.

Le Volant ordinaire eſt composé d'un axe & de quatre aîles qui ſont autant de parallélogrammes rectangles. Le plan de chacune de ces aîles n'eſt ni parallele, ni perpendiculaire à l'axe, mais il eſt oblique; & le degré le plus avantageux de cette obliquité, qui a longtemps exercé les Géometres, comme MM. Mariotte, de la Hire, Parent, Daniel Bernoulli, &c. sans succès, a enfin été fixé par l'expérience à 72 degrés.

La largeur de chaque aîle est communément de 6 pieds, & la hauteur de 35 pieds. Chaque aîle n'est cependant couverte que dans l'espace de 30 pieds : on laisse à jour 5 pieds d'intervalle entre l'axe & la toile.

L'axe est mis dans une situation où il forme un angle très-aigu avec l'horison, la partie qui porte les aîles étant un peu plus élevée que l'autre extrémité.

J'ai aussi remarqué que les aîles étoient un peu arquées, le côté qui doit être présenté au vent étant un peu concave.

Pour que le Volant puisse être mû circulairement, il faut que son axe soit dans une direction parallele à celle du vent, ensorte que chaque aîle soit un plan qui résiste obliquement à l'impulsion du fluide. Il est vrai que dans cette position le plan ne reçoit qu'une partie de la force du vent, & que l'autre partie qui seule agit sur la surface, se divise encore en deux, dont une portion seulement sollicite le Volant à tourner; mais l'expérience & la spéculation n'ont point découvert de position plus avantageuse.

Il est aisé d'imaginer qu'une aîle ordinaire de Moulin à vent n'est autre chose qu'un segment d'un plan elliptique qui couperoit l'axe sous une obliquité de 72 degrés; & ce segment est pris dans l'ellipse de part

& d'autre de ſon petit axe, qui eſt cenſé compris au milieu de l'aîle.

La force latérale du vent, c'eſt-à-dire celle qui fait tourner le Volant, n'eſt point la même ſur tous les points d'une aîle. J'ai dit tout-à-l'heure que chaque aîle du Volant étoit une portion d'ellipſe priſe de part & d'autre de ſon petit axe; & cette ellipſe doit être déterminée de telle ſorte que ſon grand axe étant conſidéré comme l'hypothénuſe d'un triangle rectangle, ſon petit axe ſoit celui de ſes côtés qui ſeroit oppoſé à un angle de 72 degrés. Si donc on diviſe une ellipſe en deux ſuivant le grand axe, & qu'à la place d'une des aîles ordinaires, on ſubſtitue, ſous la même obliquité, la moitié de cette ellipſe, enſorte que l'interſection du grand & du petit axe ſe confonde avec le centre de l'axe du Volant, il eſt clair que tous les points de la demi-ſurface d'ellipſe éprouveront la même impulſion de la part du vent, mais chacun de ces points ne recevra point la même quantité de la force qui cauſe le mouvement circulaire : car ſi on diviſe la demi-ellipſe en un nombre quelconque de ſegmens tous paralleles au petit axe, le ſegment très-petit d'ellipſe qui interceptera le petit axe, ou ſi l'on veut le petit axe lui-même éprouvera toute la force latérale du vent, ou celle qui ſollicite le Volant à tourner, parce que cette force étant perpendiculaire à l'axe du Volant, choquera auſſi perpendiculairement le ſegment en queſtion, & par conſéquent le rayon ou levier de l'axe du Volant qui eſt le même. Mais si on prend tout autre segment entre le grand & le petit axe, comme le rayon ou levier qui partiroit du centre de l'axe du Volant pour venir aboutir à l'extrémité de ce segment ne seroit plus perpendiculaire à la direction de la force latérale du vent, il suit que ce segment ne reçoit point une portion de la force latérale égale à celle que reçoit le segment du petit axe. Enfin si l'on considere le segment qui est adjacent à l'extrémité du grand axe, comme le levier ou rayon de l'axe se trouve alors dans la direction de la force latérale, il est visible que l'impulsion que reçoit ce dernier segment ne contribue point du tout à faire tourner le Volant; elle ne sert qu'à multiplier le frottement. Donc la force latérale du vent reçue ſur une aîle faite d'une moitié d'ellipſe, diminue de part & d'autre du petit axe , comme la ſuite des ſinus du quart de cercle, depuis le ſinus total juſqu'au ſinus de zéro. Donc cette force diminue dans la même raiſon ſur les aîles ordinaires. Il falloit que M. Parent n'eut pas fait attention à ces différences dans la force latérale, lorſqu'il propoſa de faire les quatre aîles du Volant de quatre ſecteurs qui fuſſent chacun un quart d'ellipſe.

Si le Volant eſt ſuppoſé en repos, chaque aîle reçoit , en tant qu'oblique , tout l'effort dont eſt capable le vent qui la choque indirectement; mais ſi le Volant eſt en mouvement, les aîles ne ſont plus choquées de la même maniere. Pour le prouver, concevons, comme ci-dessus, qu'une moitié d'ellipse a été substituée à la place d'une aîle ordinaire ; imaginons de plus qu'un cercle dont le diametre est égal au petit axe de l'ellipse & dont le centre se confond aussi avec celui de l'ellipse, coupe l'axe du Volant à angles droits. Le plan de ce cercle formera avec celui de l'ellipse un angle égal au complément de l'obliquité de l'aîle ou de 72 degrés. Si l'on suppose à présent qu'un globule d'air vienne choquer l'extrémité du petit axe qui est en même temps diametre du cercle, ce point qui étoit prêt d'être choqué, & qui l'auroit été avec toute la force indirecte du globule, si l'aîle avoit été en repos, s'est échappé en suivant le mouvement circulaire du Volant : plusieurs autres points succedent au précédent & s'échappent de même. Enfin le choc se fait, mais sur un point de l'ellipse qui est à quelque distance du plan du cercle. Or cette succession de points est la même chose que si le point de l'extrémité du petit axe avoit fui directement devant le globule d'air. Donc ce point se meut en même temps & dans la même direction que le globule d'air : donc les efforts que ce point & tous les autres points de la surface elliptique reçoivent du vent, ne sont point comme les quarrés de sa vîtesse absolue, mais seulement comme les quarrés des vîtesses respectives ; c'est-à-dire, comme les quarrés des différences entre la vîtesse du vent & la vîtesse des points de la surface elliptique que j'appellerai ici *vîtesse perpendiculaire*.

La vîteſſe perpendiculaire eſt la même pour tous les points d'un même élément de l'aîle ; par exemple, pour tous les points de la grande circonférence elliptique qui paſſe par les extrémités des axes ; mais elle eſt différente pour les autres élémens.

Comme les parties d'une circonférence elliptique n'ont pas un rapport conſtant avec les parties correſpondantes de la circonférence du cercle que nous avons ſuppoſé la couper obliquement, & l'axe du Volant perpendiculairement, j'enviſagerai le quart d'une circonférence elliptique comme une ligne hélice qui ne ſortira que très-peu du plan de l'ellipſe. Alors je pourrai prendre le quart de la courbe elliptique, depuis ſa ſection avec le cercle, pour l'hypothénuſe d'un triangle rectangle, dont la baſe ſera un quart de la circonférence du plan circulaire, & dire que les vîteſſes perpendiculaires ſont comme les vîteſſes de rotation de chaque point du Volant.

Les vîteſſes circulaires ſont repréſentées par tous les élémens paralleles & concentriques du cercle : or ces élémens croiſſent en progreſſion arithmétique, du centre vers la circonférence. Donc les vîteſſes circulaires & par conſéquent les vîteſſes perpendiculaires croiſſent auſſi dans la même proportion. Donc les vîteſſes perpendiculaires ſont une ſuite de nombres en progreſſion arithmétique.

Puiſque les vîteſſes perpendiculaires ſont en progreſſion arithmétique, les vîtesses respectives, c'est-à-dire les différences entre la vîtesse absolue du vent & les vîtesses perpendiculaires, seront aussi en progression arithmétique; car si d'une même quantité on ôte successivement des nombres en progression arithmétique, les restes seront aussi dans la même progression.

La force du vent sur une des aîles du Volant peut être représentée par une pyramide droite, tronquée ou non tronquée, suivant que la longueur de l'aîle sera plus ou moins grande : car les forces du vent sur deux plans égaux & qui ont la même position, sont comme les quarrés des vîtesses du vent : or ici les vîtesses respectives, qui sont celles par lesquelles les surfaces sont choquées, sont en progression arithmétique; par conséquent la somme de leurs quarrés peut être représentée par une pyramide ou une portion de pyramide; & cette pyramide représentera à son tour l'effort du vent sur l'aîle en mouvement : car tout ce que je viens de dire ne doit s'entendre que de l'aîle lorsqu'elle tourne. Si elle étoit en repos, la force du vent seroit exprimée par un prisme.

CALCUL de l'effort du vent sur le Volant en repos.

M. Maaiotte a reconnu par expérience qu'une surface de 144 pieds quarrés $= a$ présentée directement à un courant d'air, éprouvoit un effort de 210 $= b$ livres. Cet air n'étoit ni trop violent ni trop foible; sa vîtesse étoit de 24 pieds par ſeconde de temps. Si donc on connoît la valeur c de la ſurface d'une aîle, c'eſt ici $6 \times 30 = 180$ pieds quarrés ; on trouvera l'effort du vent ſur cette ſurface par l'analogie ſuivante, a, c :: b, $\frac{bc}{a}$ dont le quatrieme terme exprime l'effort du vent ſur le plan c, dans la ſuppoſition qu'il eſt choqué directement ; mais cette ſurface eſt préſentée obliquement à la direction du vent : or la force du choc direct eſt à celle du choc oblique comme le quarré du ſinus total eſt au quarré du ſinus de l'angle d'incidence. Si donc d exprime le ſinus de cet angle, e ſon coſinus & R le ſinus total, on trouvera l'effort du vent ſous une direction oblique par l'analogie qui ſuit, R^2, d^2 :: $\frac{bc}{a}$, $\frac{bcd^2}{aR^2}$ dont le quatrieme terme exprime la partie de la la force du vent qui agit perpendiculairement ſur la ſurface de l'aîle ; mais cette force partielle n'eſt point encore employée entiere à faire mouvoir le Volant ; une partie ſe perd en fuyant ſelon la direction de l'axe, & l'autre partie produit ſeule le mouvement circulaire en agiſſant ſuivant une direction perpendiculaire à l'axe : on trouvera cette derniere force partielle en faiſant R, *e* :: $\frac{bcd^2}{aR^2}$, $\frac{bcd^2e}{aR^3}$ force latérale du vent qui ſeule ſollicite ſur une aîle le Volant en repos à tourner. Mais parce qu'il y a quatre aîles, il faut multiplier cette force par 4 pour avoir $\frac{4bcd^2e}{aR^3}$; & parce que chacune des aîles eſt portée par un bras de levier, il faut en chercher la longueur, ce qui eſt très-facile dans le cas préſent ; car il eſt clair que la force du vent ſur chaque aîle en repos pouvant être repréſentée par un priſme, le centre d'impreſſion du vent qui eſt le même que le centre de gravité du priſme, ſera au milieu de ſon axe : or cet axe étant de 30 pieds, ſi on fait la ſomme de ſa moitié 15 pieds & de 5 pieds intervalle entre l'axe & la toile, on aura 20 pieds pour la longueur requiſe du levier. Le moment de la force du Vent ſur le Volant en repos ſera par conſéquent $\frac{80bcd^2e}{aR^3}$ exprimé en livres ; & ſi on ſuppoſe les dimenſions expliquées plus haut, la formule précédente exprimée en nombres, ſera 5870 livres.

CALCUL *de la force du Vent sur le Volant en mouvement.*

1°. On cherchera la plus grande vîtesse perpendiculaire de l'aîle pendant un quart de révolution; on la trouvera par cette proportion d, e :: 35 pieds longueur de l'aîle, est à $\frac{35e}{d}$; d exprime toujours le sinus de l'angle d'incidence & e son cosinus.

2°. Supposons que la vîtesse circulaire de l'aîle est de 40 pieds par seconde à son extrémité, la vîtesse absolue du vent étant de 24 pieds aussi par seconde; toute la circonférence que décrit cette extrémité pendant une révolution sera de 220 pieds dont le quart est 55 : ainsi on aura la vîtesse perpendiculaire pendant une seconde, en faiſant 55, 40 :: $\frac{35e}{d}$, $\frac{280e}{11d}$: en nombres 8, 271.

3°. J'aurai auſſi la vîteſſe perpendiculaire pendant une ſeconde, pour l'extrémité de la toile qui eſt à 5 pieds de l'axe, en faiſant 35, 5 :: $\frac{280e}{11d}$, $\frac{280e}{77c}$, en nombres 1, 182.

4°. Si on retranche de 24 pieds les deux vîteſſes perpendiculaires qu'on vient de trouver, chacune ſéparément, les reſtes ſeront les vîteſſes reſpectives du vent en nombres; ce ſera 15, 729 pour l'extrémité de la toile la plus éloignée de l'axe du Volant, & 22, 818 pour l'autre extrémité.

5°. Les quarrés de ces deux vîteſſes ſeront les baſes de la pyramide tronquée qui repréſente la force du vent; il faut trouver la valeur de cette pyramide, ce qui ſe fait ainſi:

on cherche l'axe de la pyramide entiere dont la tronquée feroit un fegment. Pour cela, foit $a = 22, 818$ le côté de la grande bafe, & $b = 15; 729$ le côté du quarré de la petite bafe de la pyramide tronquée; foit encore $g = 30$ partie reftante de l'axe ou longueur de la toile. On aura l'axe total x de la pyramide achevée en faifant, $\frac{a-b}{2}$, $g :: \frac{a}{2}$, $\frac{2ag}{2a-2b} = \frac{ag}{a-b} = x$, en nombres $x = 96, 57$. L'axe de la petite pyramide, c'eft-à-dire de la différence entre la pyramide tronquée & celle qui a x pour axe, fera $x - g$, en nombres $65, 57$: ainfi $\frac{a^2 x}{3} = 16763$ étant la valeur de la grande pyramide, & $\frac{b^2 x - b^2 g}{3}$ la valeur de la petite, $P = 11273$ pieds cubes fera la valeur de la tronquée.

6°. Nous avons vu ci-devant que l'effet du vent qui choque directement une surface c (c'est la valeur d'une aîle) est exprimé par $\frac{bc}{a}$. Cet effort peut être représenté par un prisme q qui auroit pour base le quarré de la vîtesse absolue 24 du vent, multipliée par la longueur 30 de la toile. Ce prisme $q = 17280$ est le premier terme d'une proportion qui fera trouver l'effort de la pyramide tronquée sur l'aîle; faisons donc $q, P :: \frac{bc}{a}, \frac{bcP}{aq}$; c'est l'effort cherché qu'il faut réduire en effort oblique, en faisant $R^2, d^2 :: \frac{bcP}{aq}, \frac{bcd^2P}{aqR^2}$; ce quatrieme terme exprime la force du vent qui agit perpendiculairement au plan de l'aîle; la force latérale se trouvera ainsi : $R, e :: \frac{bcd^2P}{aqR^2}, \frac{bcd^2eP}{aqR^3}$; si on la multiplie par 4, on aura la force totale $\frac{4bcd^2eP}{aqR^3}$ du vent ſur les quatre aîles ; & cette force exprimée en nombres eſt 191, 5 : mais il faut la multiplier par un bras de levier dont la longueur s'étend depuis l'axe juſqu'au centre d'impreſſion du vent ; & ce centre eſt le même que le centre de gravité de la pyramide tronquée. Pour trouver ce point il faut premierement déterminer chacun en particulier les centres de gravité de la grande & de la petite pyramide non tronquées. Or on ſçait que dans chacune le centre de gravité eſt dans l'axe au quart de ſa longueur meſurée du plan de la baſe ; cette partie du Problême eſt donc déjà réſolue. Il faut chercher enſuite une quatrieme proportionnelle aux trois quantités ſuivantes, la pyramide tronquée P, la petite pyramide p, & la ligne qui meſure la diſtance entre les deux centres de gravités des deux pyramides entieres. Cette diſtance eſt $x - \frac{x}{4} - \frac{3x - 3g}{4} = \frac{3g}{4}$: faiſons donc $P, p :: \frac{3g}{4}, \frac{3gp}{4P}$. Si de la ſomme des deux termes de cette proportion on retranche le quart $\frac{x-g}{4}$ de l'axe de la petite pyramide, le reſte $\frac{3g}{4} + \frac{3gp}{4P} - \frac{x-g}{4}$; ou bien $\frac{4Pg + 3gp - Px}{4P}$ ſera l'expreſſion de la portion de l'axe compriſe dans la pyramide tronquée entre la petite baſe & le centre de gravité de cette pyramide. Cette fraction exprimée en nombres eſt ici 16, 8 pieds, qu'il faut ôter de 35 pieds longueur de l'aîle, la différence 18, 2 pieds eſt le bras de levier cherché; & 191, 5 × 18,

2 = 3485, 3 livres eſt l'effort du vent ſur les quatre aîles en mouvement. M. Trabaud, dans ſon Traité du Mouvement des Corps, Ire. Partie, détermine un peu différemment cette force. Il ſe ſert de cette analogie qui n'exiſte point : *Le ſinus total eſt au coſinus de l'angle d'incidence, comme la viteſſe circulaire d'un point de l'aîle eſt à ſa viteſſe perpendiculaire.* La force latérale, ou plutôt le moment du Volant, ſe trouve de 2102 livres ſuivant ce calcul : mais comme toutes ces opérations ne ſont établies que ſur de fauſſes hypotheſes, ou ſur des abſurdités, les réſultats en ſont également chimériques.

Du Ptérophore ou nouveau Volant.

Les fluides en mouvement, tels

que l'Eau, l'Air, le Feu, &c. font une pression, produisent un effort sur tous les obstacles qui s'opposent à leur cours : or tout effort, soit qu'il ait pour cause l'impulsion d'un fluide, le choc d'un corps dur, la pesanteur des corps graves, &c. est toujours le même effort. Par conséquent il me sera permis de considerer l'effort ou l'impulsion d'un fluide comme le poids d'un corps grave, à la différence près que la pesanteur que je suppose résulter de l'impulsion des fluides, n'aura point sa tendance vers le centre des graves : sa direction sera toujours, ou un arc de cercle, ou une tangente à la surface de la Terre.

Puisque l'effort produit par un courant d'air ou d'eau ne differe pas de l'effort qui provient de la pesanteur d'un corps, je pourrai employer telle Machine que je voudrai, pour lui résister, pour le vaincre. Si donc j'enveloppe sur un cylindre ou noyau une circonvolution de Sciadique : que je place sur deux poles horisontalement cette espece de Limace, ensorte pourtant que le noyau soit dans la direction du fluide ; il est constant que ce fluide, par son impulsion, agira sur la Sciadique de la même maniere qu'un volume d'eau qu'on éleveroit dans un tube fait de cette Sciadique, ou comme l'écroue agiroit sur la Vis ordinaire, s'il n'en étoit empêché par un trop grand frottement qui n'a pas lieu dans l'action des fluides ; c'est-à-dire que le courant qui pese sur la surface hélice, l'obligera de céder à son effort, en faisant tourner la Machine sur son axe.

J'appellerai *Pterophore* (*) ou *Tourbillon* cet inſtrument composé d'une circonvolution de Sciadique autour d'un cylindre; afin de le diſtinguer des Volants groſſierement exécutés dont on s'eſt ſervi juſqu'à cé jour.

Pour bien comprendre la maniere dont un fluide agit ſur le Ptérophore, il faut avoir égard à ſa *vîteſſe abſolue*, à ſa *vîteſſe reſpective* & à ſa *vîteſſe comme moteur*.

La vîteſſe abſolue d'un fluide eſt le chemin qu'il parcourt ſur la Terre dans un temps donné.

Si l'obſtacle qui doit être choqué fuit devant le fluide avec une certaine vîteſſe, la différence entre cette vîteſſe & la vîteſſe abſolue du

(*) Cé mot ſignifie, *qui porte des aîles.*

fluide s'appelle vîteſſe reſpective.

Puiſqu'on regarde un fluide comme un poids, ou comme la puiſſance motrice du Tourbillon, dans cette qualité il doit avoir ſa vîteſſe de même que la réſiſtance à la ſienne : c'eſt celle-là que j'appelle vîteſſe du fluide comme moteur ; elle eſt différente de la vîteſſe abſolue & de la vîteſſe reſpective.

Comme j'ai ſuffiſamment développé le caractere de la Sciadique au Chapitre II, & qu'il n'eſt point queſtion d'expliquer ici la Théorie des fluides qu'on trouve dans un grand nombre d'Auteurs, je puis procéder tout de ſuite au calcul de l'effort d'un fluide ſur le Tourbillon.

1°. Il s'agit de déterminer la baſe de la colomne du fluide qui choque le Ptérophore. Cette baſe eſt la ſurface du cercle qui auroit pour rayon celui de la Sciadique. Si donc $\delta = 1$ exprime le diametre du cercle en général, ϵ sa circonférence, d le diametre du Tourbillon qui eſt le double du rayon de la Sciadique, nous aurons $\delta, d :: \epsilon, d\epsilon$: ainſi $d\epsilon$ ſera la circonférence de la baſe de la colomne du fluide, & $\frac{d^2\epsilon}{4}$ la valeur de cette baſe.

2°. Il faut chercher quel ſera l'effort de cette colomne. Soit b l'effort connu d'un courant de fluide dont la vîteſſe abſolue eſt a & la baſe e. Si on fait $e, \frac{d^2\epsilon}{4} :: b, \frac{bd^2\epsilon}{4e}$, le quatrieme terme de cette proportion ſera le poids ou la force du fluide qui ſeroit reçu directement avec une vîteſſe abſolue a ſur la ſurface $\frac{d^2\epsilon}{4}$.

3°. Dans toute Machine la puiſſance & la réſiſtance ſont entr'elles en raiſon inverſe de leurs vîteſſes. Par conſéquent ſi y exprime la vîteſſe du fluide comme moteur, & c la vîteſſe de la réſiſtance, nous aurons : $c, y :: \frac{bd^2\varepsilon}{4e}, \frac{bd^2\varepsilon y}{4ce}$.

4°. L'effort $\frac{bd^2\varepsilon y}{4ce}$ eſt celui du fluide qui choqueroit la Sciadique avec toute ſa vîteſſe abſolue a ; & cet effort a lieu lorſque le Tourbillon eſt en repos : mais ſitôt qu'il a commencé à contracter un mouvement circulaire, alors, parce que chaque point de la Sciadique fuit devant le fluide, la vîteſſe abſolue n'exiſte plus ſur le Tourbillon ; la Sciadique n'eſt plus ſollicitée que par la force reſpective, qui eſt la différence entre la vîteſſe abſolue du fluide & ſa vîteſſe comme moteur. (Cette derniere vîteſſe eſt la même que celle avec laquelle chaque point de la Sciadique fuit devant le fluide). La vîteſſe abſolue a ſera donc changée en celle-ci, $a - y$; & parce que les preſſions d'un même fluide, reçues directement ſur des ſurfaces égales, mais avec des vîteſſes abſolues différentes, ſont comme les quarrés de ces vîteſſes, nous aurons : $a^2, a^2 - y^2 :: \frac{bd^2 \epsilon}{4e}, \frac{a^2bd^2\epsilon - bd^2\epsilon y^2}{4a^2e}$; & le dernier terme de cette analogie exprime l'effort avec lequel le fluide peſe contre le Tourbillon lorſqu'il eſt en mouvement.

5°. Fondés ſur le principe général de Méchanique, ſçavoir que dans toute Machine, la puiſſance & la réſiſtance ſont entre elles réciproquement

ciproquement comme leurs vîteſſes, nous aurons cette proportion, en ſuppoſant toujours que c exprime la vîteſſe de la réſiſtance, & y celle du fluide comme moteur : $c, y ::$ $\frac{a^2 bd^2 \varepsilon - bd^2 \varepsilon y^2}{4a^2 e}, \frac{a^2 b d^2 \varepsilon y - bd^2 \varepsilon y^3}{4 a^2 c e} = x.$ Le quatrieme terme x exprime le moment du Ptérophore, lorſqu'il eſt déjà en mouvement.

6°. Dans l'équation $x = \frac{a^2 b d^2 \varepsilon y - b d^2 \varepsilon y^3}{4a^2 c e}$; ou bien $x = \frac{b d^2 \varepsilon}{4 a^2 c e} \times \overline{a^2 y - y^3}$, voyant qu'il falloit donner à l'inconnue y une valeur telle que x devînt la plus grande poſſible, je compris bientôt qu'il s'agiſſoit de chercher ce qu'on appelle un *maximum* : mais n'étant point au fait du calcul différentiel que je n'avois pas cru bien utile jusqu'alors, j'eus recours à M. de la Lande, de l'Académie des Sciences, qui voulut bien me dégager la valeur de y. Dès ce moment je pris la résolution de me mettre en état de profiter des secours que l'on tire de cet ingénieux calcul ; & quelques heures de lecture m'ont déjà rendu assez habile pour trouver moi-même la valeur de l'inconnue y. Il faut différentier l'équation précédente $x = \frac{a^2 b d^2 \epsilon y - b d^2 \epsilon y^3}{4 a^2 c e}$ en cette sorte, $\dot{x} = \frac{a^2 b d^2 \epsilon \dot{y} - b d^2 \epsilon 3 y^2 \dot{y}}{4 a^2 c e}$. Considérant ensuite que la différentielle de x, lors de son plus grand accroissement possible, est $\dot{x} = 0$, j'en conclus que $\frac{a^2 b d^2 \epsilon \dot{y} - b d^2 \epsilon 3 y^2 \dot{y}}{4 a^2 c e} = 0$; donc $\frac{a^2 b d^2 \epsilon \dot{y}}{4 a^2 c e} = \frac{b d^2 \epsilon 3 y^2 \dot{y}}{4 a^2 c e}$; ou bien

$a^2 = 3y^2$, après avoir fait diſparoître les diviſeurs & les multiplicateurs communs aux deux membres de l'équation : d'où il réſulte enfin que $y = \frac{a}{\sqrt{3}}$.

C'eſt ici que devient ſenſible la bonté & la perfection de l'Inſtrument que je préſente à la Ville de Lyon & au Public en général. La Sciadique eſt une ſurface compoſée d'élémens hélices, qui ſont chacun l'hypothénuſe d'un triangle rectangle, dont un des côtés eſt une portion de l'apothême du noyau : mais il faut remarquer que ce côté eſt toujours conſtamment le même ; quoique les élémens de la Sciadique croiſſent ou décroiſſent en même temps que l'autre côté du triangle. Dans l'équation précédente, la valeur de y qui doit exprimer le côté constant dont nous parlons, demeure toujours la même aussi pour la même vîtesse absolue du même fluide, quoique la vîtesse circulaire de chaque élément de la Sciadique croisse ou décroisse à raison de la distance au centre de l'axe. Il n'y a donc pas de surface plus propre à faire mouvoir une Machine par le moyen d'un fluide que la Sciadique; & il semble qu'elle existe dans la nature particulierement pour cet usage.

Maintenant on voit clairement que ce n'étoit point un seul angle qu'il s'agissoit de déterminer par rapport à la position oblique d'une aîle sur l'axe; que chaque élément doit avoir le sien propre; & que si plusieurs grands Géometres ont déterminé la valeur de y, ils en ont cependant ignoré la véritable application : car ils ont conclu de leurs calculs, que l'angle de l'aîle avec l'axe devoit être de $54^{\circ}\ 44'$; ce qui est très-contraire à l'usage où l'on est de faire cet angle de 72°; aussi leur solution n'a-t-elle pas réussi dans la Pratique.

Si l'on suppose l'aîle d'un Moulin à vent infiniment longue, l'angle d'obliquité de l'élément le plus éloigné de l'axe, doit être infiniment approchant de 90°; au lieu que l'angle d'obliquité de l'élément le plus voisin de laxe doit être infiniment petit. Ainsi on pourroit beaucoup perfectionner les aîles ordinaires, en leur donnant une figure torse, c'est-à-dire en donnant à chaque échelon l'obliquité qui lui convient; mais une aîle de cette nature ne ſera jamais auſſi parfaite qu'un ſecteur de Sciadique.

Moins la vîteſſe circulaire du Ptérophore ſera grande, moins auſſi les angles d'incidence du fluide ſur chaque élément de la Sciadique doivent être grands, toutes choſes égales d'ailleurs.

L'Académie de Lyon, dans ſon Programme, exige qu'on donne les moyens les plus convenables de moudre les bleds. Ces moyens peuvent ſe réduire à deux; ſçavoir le premier, en donnant pour moteur à une Machine, des Hommes ou des Animaux ; & le ſecond, en employant les Elémens comme puiſſances motrices. S'il eſt poſſible d'épargner à nos ſemblables d'auſſi pénibles emplois que ceux de tourner la Meule, ſans pourtant préjudicier aux moyens que le travail leur fournit de gagner leur vie ; nous ne pouvons que mériter beaucoup de l'humanité, en les soulageant de la forte. Il n'eſt rien de ſi facile que de conſtruire des Moulins propres à être mus par des Chevaux, &c. : mais ces animaux entraînent beaucoup de frais & de dépenſe, & nous pourrions en tirer d'autres ſervices. L'Eau & l'Air au contraire s'offrent gratuitement pour nous ſeconder. Puis donc que nous avons aſſujetti ces Elémens à agir conformément à nos volontés, & à porter le joug que nous avons ſçu leur impoſer, ne paroît-il pas plus convenable de leur abandonner totalement cet office ? Il nous reſtera toujours encore aſſez d'autres occupations pour nous exercer. Ceux qui ont des courants d'eau ; les emploient avec ſuccès à faire tourner les Moulins ; mais les eaux ſont quelquefois impétueuſes , principalement dans les grandes rivieres , où ſouvent il eſt impoſſible de s'oppoſer aux ravages qu'elles cauſent. Cet Hiver nous en fournit de triſtes exemples. Les Nouvelles publiques nous apprennent que la Débacle de la Loire a entraîné plus de trente Moulins où ont péri près de cinquante perſonnes. De pareils déſaſtres ſont arrivés dans la Seine ; dans la Marne & dans pluſieurs autres Rivieres. Il doit ſe rencontrer moins d'inconvéniens dans l'uſage des Vents. Leur diſpoſition eſt à la vérité pour le moins auſſi inconſtante que celle de l'Eau : mais quelque fougueux qu'ils deviennent , il ſera toujours en notre pouvoir de ne leur laisser de prise sur nos Machines qu'autant qu'il sera nécessaire; ce qui se fera en pliant une partie des voiles qui résistent au fluide.

Par le moyen du Ptérophore, on peut obtenir du vent une force énorme; & je ne pense pas qu'il y ait de lieu, à moins que ce ne soit une vallée profonde environnée de toutes parts de montagnes, qui ne puisse aujourd'hui faire usage du Moulin à vent. Mais pour en tirer tout l'avantage possible, il faut faire attention à plusieurs circonstances. Il faut connoître d'abord quelle est la plus petite vîtesse absolue du vent, capable de faire tourner un Moulin; car c'est celle-là que je suppose qu'on fera entrer dans le Problême, en l'exprimant par a; & c'est elle qui doit ſervir à déterminer la courbure de la Sciadique dont les aîles du Ptérophore ſeront des ſecteurs. En effet, ſi le vent, dont la vîteſſe abſolue eſt exprimée par a, eſt capable de faire tourner le Moulin, il eſt clair qu'un vent dont la vîteſſe ſera plus grande que a, ſera auſſi capable de le faire tourner. Je ne ſçais donc pourquoi, dans les Traités qu'on a faits ſur la Conſtruction des Moulins à vent, on s'eſt toujours ſervi de la vîteſſe abſolue moyenne du vent. Il a dû arriver de-là que lorſque la vîteſſe abſolue du vent s'eſt trouvée moindre que cette vîteſſe moyenne, le Moulin ne s'eſt plus mu qu'avec peine, & peut-être point du tout.

Pour s'aſſûrer de la plus petite vîteſſe abſolue du vent capable de faire tourner un Moulin, on pourra faire quelques Expériences ſur le vent ; mais on peut auſſi la déduire des obſervations qui ont déjà été faites : il ne s'agit que de bien examiner quelle eſt au juſte la force néceſſaire pour moudre du bled avec une Meule ordinaire. Par cette connoiſſance, on n'aura pas de peine à parvenir à celle de la plus petite vîteſſe abſolue du vent capable de mouvoir le Moulin dont la grandeur des aîles ſera déterminée. Je voudrois qu'il fût en mon pouvoir de donner ici des inſtructions plus étendues ſur ce ſujet ; mais je crois qu'on ne peut les obtenir que de la Pratique & des obſervations d'une perſonne ſoigneuſe & intelligente qui ſeroit commiſe pour préſider à l'exécution & à la conduite de ces Machines.

Il faut auſſi prendre garde ſi l'aſſiette du Moulin n'eſt pas bornée par quelques côteaux ; auquel cas l'axe du Tourbillon ne doit pas être dans une poſition horiſontale ; car il eſt aiſé de comprendre que dans ce cas le vent doit plonger un peu.

Il me reſte à répondre à quelques difficultés qu'on peut me faire ſur le Ptérophore par rapport à la pratique. On me dira, ſans doute, que la circonvolution de Sciadique doit couvrir un axe trop long : par exemple, dans le cas où la vîteſſe abſolue moyenne du vent ſeroit de 24 pieds par ſeconde, la partie de l'axe couverte par la Sciadique ſeroit de 76 pieds. A cela je réponds que dans l'uſage des Moulins, on n'emploiera jamais une circonvolution entiere de Sciadique. En effet, ſi l'on cherche l'effort du vent, dont la vîteſſe abſolue eſt de 24 pieds par ſeconde ſur un Tourbillon de 70 pieds de diametre, on trouvera cet effort d'environ 77770 livres avant le mouvement ; & dans la ſuppoſition que l'extrémité de la Sciadique parcourt 40 pieds par ſeconde, cet effort ſera encore de 51826 livres. Or le moment où la force relative d'un Moulin à eau exécuté à la Fere & décrit par M. Belidor dans ſon Architecture Hydraulique, comme un des plus parfaits, n'eſt que de 1568 livres. Ce n'eſt pas la trente-troiſieme partie de la force du Tourbillon. Prenons le quart de la Sciadique, le moment du Tourbillon ſera encore de 12957 livres, & la partie couverte du cylindre ne ſera plus que de 19 pieds. Diviſons ce secteur de Sciadique en quatre autres secteurs égaux entre eux, dont nous ferons quatre aîles que nous rapprocherons sur l'extrémité de l'axe, comme les aîles ordinaires : alors la partie occupée de l'axe ne sera plus que de 4 $\frac{3}{4}$ pieds. On pourroit ainsi employer toute la Sciadique, en multipliant les aîles ; & c'est ce qu'il faudra faire, lorsqu'on aura besoin d'un puissant moteur ; par exemple, pour tirer de l'eau d'une grande profondeur, soit avec la Limace, soit par le moyen de toute autre Machine hydraulique.

Suivant le calcul précédent, les quatre aîles du Volant ordinaire ayant chacune 6 pieds de largeur & 30 de longueur, seroient mues avec une force de 9222 livres ; mais il s'en faut beaucoup que cet effort ſoit ſi grand, pour deux raiſons principales; la premiere eſt que tous les élémens de l'aîle ordinaire conſervent le même angle d'obliquité par rapport à l'axe du Volant; la ſeconde eſt que tous les ſegmens de cette aîle n'ont point également leur direction au centre de l'axe.

Pour couper facilement la toile qui doit couvrir les aîles du Ptérophore, on décrira la forme d'une de ces aîles ſur un plan. : j'en ai donné la méthode ailleurs. Pour ce qui regarde la maniere de plier les voiles, je ne vois pas qu'il y ait plus de difficulté qu'à l'égard des Volans ordinaires : ainſi je ne crois pas que rien empêche de préférer des aîles faites de ſecteurs de Sciadique aux aîles ordinaires du Moulin à vent.

Je ne dois pas omettre d'avertir

que ſi l'on ajuſte ſur les deux élémens circulaires extrêmes de la Sciadique deux petites bandes perpendiculaires à ſon plan, le Ptérophore en recevra une impreſſion plus grande. Le vent reçu dans des canaux hélices fluera d'un bout à l'autre, comme un courant d'eau dans un Aqueduc; & il y recevra une augmentation conſidérable d'élaſticité. Ce n'eſt qu'une conjecture; mais je la trouve appuyée de l'uſage où ſont les Conſtructeurs de Moulins à vent de faire toujours les aîles du Volant un peu creuſes. Enſuite de ce que je viens de dire, je ſoupçonne encore que ſi la Sciadique n'avoit pas ſon plan tout-à-fait perpenpendiculaire à la convexité de l'axe, mais qu'il fût un peu incliné du côté du vent, elle ſeroit plus propre à en recevoir l'impulsion. On voit assez qu'une Sciadique ainsi inclinée, est la même chose que la Chonique dont j'ai parlé.

La Sciadique, qui paroît si propre à recevoir du vent une force qui fasse mouvoir des Machines; peut également la recevoir d'un courant d'eau dans lequel elle seroit noyée ; & ce seroit sur-tout dans les grandes rivieres qu'elle seroit applicable de cette sorte. Comme le choc d'une eau courante, qui a une vîtesse assez grande, seroit bien plus considérable que le choc d'un égal courant d'air, le diametre du Ptérophore n'auroit besoin que d'une très-médiocre longueur. Pour déterminer cette longueur, il faudroit connoître la rapidité du courant. Il me suffira de faire envisager, qu'en se servant de ce mobile, il ne seroit plus nécessaire que le Moulin fût flottant. Le Ptérophore noyé dans l'eau, se mouvroit sous la glace, lorsqu'il y en auroit, & communiqueroit son mouvement par une piece verticale qu'il faudroit seule garantir du choc des glaçons. Cette application est susceptible de tant de modifications, qu'il faut opérer pour en parler avec connoissance de cause.

Ceux qui ont des chûtes d'eau, pourront aussi les employer à moudre les bleds, avec tout l'avantage possible, par le moyen du Ptérophore. On le mettra alors dans une position verticale. Les aîles qui doivent être pleines, c'est-à-dire qui doivent composer une circonvolution entiere de Sciadique, & occuper toute la baſe du Ptérophore, ſeront contenues dans un cylindre creux repréſentant une eſpece de tonneau ; ce qui fera de la Sciadique ou des ſecteurs de Sciadique, une ou pluſieurs portions de canaux hélices. L'eau tombant dans le cylindre creux, c'eſt-à-dire ſur la Sciadique, fera tourner le Ptérophore dont l'axe ſera en même temps celui de la Meule mouvante, enſorte que ce Moulin ſera le plus ſimple poſſible. Outre cet avantage, il aura encore celui de recevoir le choc de l'eau, plus bas que les roues ordinaires, ce qui augmentera la force du fluide moteur. La courbure de la Sciadique ſera toujours dépendante de la vîteſſe abſolue de l'eau à l'inſtant de ſon choc.

Le Ptérophore trouvera encore

ſa place dans le Pilotage; car ſi on l'exécute en petit, qu'on le place ſous l'eau dans la direction du Navire, il communiquera ſon mouvement à des roues, qui meſureront le ſillage beaucoup plus exactement que le Lock actuel dont ſe ſervent les Marins.

La Rame eſt un inſtrument par le moyen duquel on fait mouvoir un Vaiſſeau ſur la ſuperficie de l'eau. C'eſt un long levier terminé en pele par un bout, dont la preſſion fait faire au fluide l'office d'un coin tel que celui qui ſert à fendre le bois. Le point d'appui de ce levier eſt la cheville à laquelle il eſt attaché; la puiſſance motrice eſt le Rameur, & la réſiſtance le fluide; ce qui eſt pourtant contraire au ſentiment de quelques Ecrivains. Je ſuis ſurpris que l'on ne se soit pas proposé de changer la forme de la Rame ordinaire ; étant facile de voir qu'elle n'est pas ce qu'elle pourroit être. En effet, outre que tout le temps de l'action du Rameur ne contribue pas également à faire avancer le Vaisseau, parce que les extrémités de la Rame décrivent dans leur mouvement des arcs de cercle, ce même Rameur est encore obligé d'employer au moins la moitié de son temps & de sa force à enlever sa Rame de l'eau & à la porter en avant. Pour remédier à cet inconvénient, il faudroit substituer à la Rame ordinaire un organe dont l'application fût, s'il étoit possible, uniforme & continue : or cette propriété, je crois la trouver parfaitement dans le Ptérophore. On peut en adapter deux horiſontalement & paralléle-ment à la longueur du Vaiſſeau, un de chaque côté, ou bien un ſeul à la partie de devant. Le Ptérophore ſera entierement noyé ſous l'eau, ou bien juſqu'à l'axe ſeulement, &c. comme on voudra. La grandeur du Ptérophore dépendra de celle du Vaiſſeau, & la courbure de la Sciadique de la vîteſſe avec laquelle on ſe propoſera de voguer.

Enfin s'il ſe rencontroit quelque nouveau Dédale qui voulut entre-prendre un voyage dans les régions éthérées, le Ptérophore eſt peut-être la ſeule voiture dont il puiſſe ſe ſervir. Je ſçais qu'on ne peut guère manquer de faire rire, en voulant donner des aîles à un homme. Je ſçais de plus que pluſieurs perſonnes, qui ont oſé prendre l'eſſor dans les airs, n'ont pas eu un meilleur ſuccès que l'imprudent Icare. Auſſi mon intention n'eſt pas de donner ce projet comme une choſe ſérieuſe. Il eſt permis de s'égayer quelquefois. Cependant on ne trouvera pas mauvais que je faſſe remarquer ici qu'au moins il eſt inconteſtable, par l'expérience que nous en avons continuellement ſous les yeux, qu'un homme eſt capable d'une force ſuffiſante pour vaincre le poids de ſon corps. Si donc je mets entre les mains de cet homme une Machine telle que par ſon moyen il agiſſe ſur l'air avec toute la force dont il eſt capable, & toute l'adreſſe poſſible, il s'élevera à l'aide de ce fluide, comme à l'aide de l'eau ou même d'un corps ſolide. Or il ne paroît pas que dans un Ptérophore adapté verticalement à une chaiſe ; le tout fait de matiere légere & ſoigneuſement exécuté, il ſe trouve rien qui l'empêche d'avoir cette propriété dans toute ſa perfection. Dans la conſtruction, on auroit ſoin que la Machine produisît le moins de frottement qu'il ſeroit poſſible ; & elle doit naturellement en produire peu, n'étant pas du tout composée. Le nouveau Dédale, aſſis commodément ſur ſa chaiſe, donneroit au Ptérophore, par le moyen d'une manivelle, telle vîteſſe circulaire qu'il jugeroit à propos. Ce ſeul Ptérophore l'enleveroit verticalement : mais pour ſe mouvoir horiſontalement, il lui faudroit un gouvernail ; ce ſeroit un ſecond Ptérophore. Lorſqu'il voudroit ſe repoſer un peu, des clapets ou ſoupapes ajuſtées ſolidement aux extrémités des ſecteurs de Sciadique, fermeroient d'eux-mêmes les canaux hélices par où l'air coule, & feroient de la baſe du Ptérophore une ſurface parfaitement pleine qui réſiſteroit au fluide, & ralentiroit conſidérablement la chûte de la Machine.

Pour la commodité du Calculateur, je placerai ici de ſuite la valeur de chacune des quantités qui entrent dans la formule :

$$x = \frac{b\,d^2\,\delta}{4a^2\,c\,e} \times \overline{a^2 y - y^3}.$$

a Vîteſſe abſolue du fluide.

b Force du fluide ſur une ſurface connue.

c Vîteſſe de la réſiſtance.

d Diametre du Ptérophore.

$\delta = 1$ Diametre du cercle en général.

e Valeur de la ſurface connue ſur laquelle on a reçu un courant de fluide, pour en connoître l'effort *b*.

ε Circonférence du cercle qui a 𝔡 pour diametre.

x force de la réſiſtance.

y Vîteſſe du fluide comme moteur; laquelle eſt toujours $y = \frac{a}{\sqrt{3}}$.

$a - y$ Vîteſſe reſpective du fluide.

M. Mariotte a trouvé, par expérience, qu'une colomne de vent parcourant 24 pieds par ſeconde, reçue directement ſur une ſurface fixe de 144 pieds quarrés, produiſoit un effort de 210 livres. Suivant cette épreuve, on auroit $a = 24$ pieds, $b = 210$ livres, & $e = 144$ pieds quarrés.

TABLE I.

DIAM. en pouces.	40°	45°	48°	51°	54°	57°	60°	$63\frac{1}{2}$°
	liv.	liv.	liv.	liv.	liv.	liv.	liv.	liv.
6	1	1	1	1	1	1	1	1
7	1	1	1	1	1	2	2	2
8	1	2	2	2	2	2	3	3
9	2	2	2	3	3	3	4	4
10	3	3	3	4	4	5	5	6
11	3	4	5	5	6	6	7	8
12	4	5	6	7	7	8	9	11
13	6	7	8	8	9	10	12	14
14	7	9	9	11	12	13	15	17
15	9	11	12	13	14	16	18	21
16	11	13	14	16	17	20	22	25
17	13	15	17	19	21	23	26	30
18	15	18	20	22	25	28	31	36
19	18	21	24	26	29	33	37	43
20	21	25	28	31	34	38	43	49
21	24	29	32	36	40	44	50	57
22	28	33	37	41	46	51	57	66
23	32	38	42	47	52	58	65	75
24	36	43	48	53	59	66	74	86
25	41	49	54	60	67	75	84	97
26	46	55	61	68	75	84	94	109
27	52	62	68	76	84	94	106	122
28	58	69	76	85	94	105	118	136
29	64	76	85	94	104	117	131	151
30	71	85	94	104	116	129	145	167
31	78	93	104	115	128	142	160	184
32	86	103	114	126	140	157	176	203
33	94	112	125	238	154	172	193	223
34	103	123	137	151	168	188	211	243
35	113	134	149	165	184	205	230	265
36	123	146	162	180	200	223	250	289

TABLE II.

Pour les Charges moyennes des Expériences de M. *de Buffon*.

LONGUEUR des Pieces.	*Grosseurs en pouces.*				
	4 pouces	5 pouces	6 pouces	7 pouces	8 pouces.
pieds.	livres	livres	livres	livres	livres.
7	5312	11525	18950		
8	4550	9787$\frac{1}{2}$	15525	26050	
9	4025	8308$\frac{1}{3}$	13150	22350	
10	3612	7125	11250	19475	27750
12	2987$\frac{1}{2}$	6075	9100	16175	23450
14		5300	7475	13225	19775
16		4350	6362$\frac{1}{2}$	11000	16375
18		3700	5562$\frac{1}{2}$	9425	13200
20		3225	4950	8275	11487$\frac{1}{2}$
22		2975			
24		2162$\frac{1}{2}$			
28		1775			

TABLE III,

Pour servir de comparaison entre les Charges des Expériences de M. *de Buffon* & celles qui résultent du Calcul.

Longueur des Pieces.	Portées des Pieces.	*Equarissages en pouces des Pieces.*				
		4 pouces	5 pouces	6 pouces	7 pouces	8 pouces.
pieds.	pouces	livres	livres	livres	livres	livres.
6	69	7822	15277	26400	41920	62570
8	92	4915	9600	16589	26340	39320
10	115	3514	6864	11861	18834	28120
12	138	2726	5325	9202	14612	21810
14	161	2238	4371	7552	11993	17902
16	184	1909	3738	6460	10258	15312
18	207	1685	3299	5702	9054	13516
20	230	1525	2986	5160	8194	12228
22	253	1408	2757	4764	7565	11292
24	276	1322	2588	4472	7101	10600
26	299	1258	2463	4256	6760	10090
28	322	1212	2373	4100	6511	9720

Table IV.

Tarif de la Force du Bois de Chêne.

Portées des Pieces en pieds.	*Valeur en pouces du coté des bases quarrées.*				
	4 pouces	5 pouces	6 pouces	7 pouces	8 pouces.
	liv.	liv.	liv.	liv.	liv.
6	7288	14234	24600	39060	58300
7	5672	11080	19148	30400	45380
8	4602	8987	15532	24670	36560
9	3852	7523	13002	20640	30600
10	3305	6455	11157	17716	26260
11	2894	5653	9769	15512	23000
12	2577	5032	8697	13810	20470
13	2326	4543	7851	12466	18479
14	2125	4150	7172	11388	16881
15	1961	3831	6620	10510	15580
16	1826	3566	6164	9789	14597
17	1713	3347	5784	9185	13615
18	1619	3163	5467	8680	12866
19	1540	3008	5198	8254	12234
20	1472	2876	4970	7891	11698
21	1415	2763	4776	7584	11241
22	1366	2668	4610	7321	10851
23	1324	2586	4469	7096	10519
24	1288	2516	4349	6905	10235
25	1258	2456	4246	6742	9993
26	1232	2406	4159	6603	9789
27	1210	2364	4086	6488	9617
28	1192	2329	4025	6391	9474
29	1177	2300	3975	6313	9357
30	1166	2277	3936	6249	9263

Suite de la Table IV.

Tarif de la force du Bois de Chêne.

Portées des Pieces en pieds.	*Valeur en pouces du côté des bases quarrées.*				
	9 pouces	10 pouces	11 pouces	12 pouces	13 pouces.
	liv.	liv.	liv.	liv.	liv.
6	83010	113870	151570	196780	250200
7	64620	98640	117980	153170	194750
8	52410	71900	95700	124240	157970
9	43880	60190	80110	104000	132240
10	37650	51650	68750	89250	113480
11	32970	44700	60190	78150	99360
12	29350	40260	53590	69570	88460
13	26490	36340	48380	62770	79850
14	24200	33200	44190	57370	72950
15	23380	30640	40780	52950	67320
16	21780	28530	38860	49300	62690
17	20440	26780	36470	46270	58830
18	19316	25300	34460	43730	55600
19	18367	24060	32770	41580	52860
20	17562	23000	31340	40690	50550
21	16876	22110	30110	38210	48580
22	16291	21340	29070	36880	46890
23	15792	20690	28180	35750	45450
24	15365	20130	27420	34780	44230
25	15003	19654	26760	33960	43180
26	14696	19251	26220	33270	42300
27	14437	18913	25760	32680	41560
28	14223	18632	25380	32200	40940
29	14047	18402	25070	31800	40430
30	13907	18218	24810	31480	40030

Suite de la Table IV.

Tarif de la force du Bois de Chêne.

Portées des Pieces en pieds.	*Valeur en pouces du côté des bases quarrées.*				
	14 pouces	15 pouces	16 pouces	17 pouces	18 pouces
	liv.	liv.	liv.	liv.	liv.
6	312500	384300	466400	559400	664100
7	243300	299100	363000	435500	516900
8	197310	242700	294500	353200	419300
9	165170	203100	246500	295600	351000
10	141740	174310	211500	253700	301200
11	124190	152620	185200	222100	365700
12	110400	135870	164900	197800	234800
13	99740	122650	148900	178500	211900
14	91110	112040	136000	163100	193600
15	84090	103400	125500	150530	178700
16	78300	96290	116800	140160	166400
17	73480	90160	109700	131540	156100
18	69440	85400	103600	124300	147600
19	66030	81200	98550	118200	140300
20	63130	77640	94230	113020	134100
21	60670	74610	90560	108610	128900
22	58570	72020	87410	104840	124500
23	56770	69810	84730	101630	120600
24	55240	68090	82470	98890	117400
25	53930	66330	80510	96550	114620
26	52830	64970	78850	94580	112280
27	51910	63830	77470	92920	110310
28	51140	62880	76320	91530	108660
29	50510	62100	75380	90410	107330
30	50000	61480	74620	89500	106250

ERRATA.

ERRATA.

PAGE lig.

30, 11, Théorême III, *lisez* Théorême IV.

80, 2, $a + 2a$, *lis.* $a + 2A$. (Cette faute est corrigée dans quelques Exemplaires).

Ibid. 3, l'angle AIVY, *lis.* l'angle IVY. (Cette faute est aussi corrigée dans quelques Exemplaires).

96, 14, le plus petit, *lis.* du plus petit.

106, 13, ôtez la parenthese.

Ibid. 16, substituez un point à la place du point admiratif.

110, 14, tous les temps, *lis.* dans tous les temps.

171, 14, Maaiotte, *lis.* Mariotte.

177, 18, & $\frac{b^2x - b^2g}{3}$, *lis.* & $\frac{b^3x - b_2g}{3} = 5490$.

193, 15, laxe, *lis.* l'axe.

FIN.

Approbation.

J'AI examiné, par Ordre de Monſeigneur le Vice-Chancelier, un Manuſcrit intitulé : *Théorie de la Vis d'Archimede ;* & je n'y ai rien trouvé qui doive en empêcher l'Impreſſion. A Paris, ce 29 Juillet 1767.

Signé, DEPARCIEUX.

Autre Approbation.

J'AI examiné, par Ordre de Monſeigneur le Vice-Chancelier, un Manuſcrit intitulé : *Théorie de la Vis d'Archimede ;* & je n'y ai rien trouvé qui doive en empêcher l'Impreſſion. L'Auteur y a ajouté une Diſſertation ſur la Force des Bois, avec les Tables néceſſaires qui pourront faire plaiſir aux Conſtructeurs. A Paris, ce 5 Janvier 1768. *Signé*, DEPARCIEUX.

LOUIS, PAR LA GRACE DE DIEU, ROI DE FRANCE ET DE NAVARRE. A nos amés & féaux Conſeillers, les Gens tenans nos Cours de Parlement, Maîtres des Requêtes ordinaires de notre Hôtel, Grand Conſeil, Prévôt de Paris,

Baillifs, Sénéchaux, leurs Lieutenants Civils & autres nos Justiciers qu'il appartiendra. SALUT: Notre amé le sieur PAUCTON Nous a fait exposer qu'il desireroit faire imprimer & donner au Public un Ouvrage de sa Composition, intitulé: *Théorie de la Vis d'Archimede*: s'il Nous plaisoit lui accorder nos Lettres de Permission pour ce nécessaires. A CES CAUSES, voulant favorablement traiter l'Exposant, Nous lui avonspermis & permettons par ces Présentes, de faire imprimer ledit Ouvrage autant de fois que bon lui semblera, & de le faire vendre & débiter par tout notre Royaume pendant le temps de trois années consécutives, à compter du jour de la date des Présentes. Faisons défenses à tous Imprimeurs, Libraires, & autres personnes, de quelque qualité & condition qu'elles soient, d'en introduire d'impression étrangere dans aucun lieu de notre obéissance; à la charge que ces Présentes seront enregistrées tout au long sur le Registre de la Communauté des Imprimeurs & Libraires de Paris, dans trois mois de la date d'icelles; que l'impression dudit Ouvrage sera faite dans notre Royaume, & non ailleurs, en bon papier & beaux caracteres; que l'Impétrant se conformera en tout aux Réglemens de la Librairie, & notamment à celui du 10 Avril 1725, à peine de déchéance de la présente Permission; qu'avant de l'exposer en vente, le Manuscrit qui aura servi de copie à l'impression dudit Ouvrage, sera remis dans le même état où l'Approbation y aura été donnée ès mains de notre très-cher & féal Chevalier, Chancelier de France, le Sr DE LAMOIGNON, & qu'il en sera ensuite remis deux Exemplaires dans notre Bibliothéque publique, un dans celle de notre Château du Louvre, un dans celle dudit Sr DE LAMOIGNON, & un dans celle de notre très-cher & féal Chevalier, Vice-Chancelier &

Garde des Sceaux de France, le Sr DE MAUPEOU : le tout à peine de nullité des Présentes : du contenu desquelles vous mandons & enjoignons de faire jouir ledit Exposant & ses Ayans cause, pleinement & paisiblement, sans souffrir qu'il leur soit fait aucun trouble ou empêchement. Voulons qu'à la copie des Présentes, qui sera imprimée tout au long au commencement ou à la fin dudit Ouvrage, foi soit ajoutée comme à l'original. Commandons au premier notre Huissier, ou Sergent sur ce requis, de faire pour l'exécution d'icelles tous Actes requis & nécessaires, sans demander autre permission, & nonobstant clameur de Haro, Charte Normande, & Lettres à ce contraires. Car tel est notre plaisir. DONNÉ à Paris, le trente unieme jour du mois d'Août, l'an de grace mil sept cent soixante-sept, & de notre Regne le cinquante-deuxieme. Par le Roi en son Conseil.

Signé, LE BEGUE.

Registré sur le Registre XVII de la Chambre Royale & Syndicale des Libraires & Imprimeurs de Paris, No. 1519, fol. 313, conformément au Réglement de 1723, qui fait défenses, Art. 41, à toutes personnes, de quelques qualités & conditions qu'elles soient, autres que les Libraires & Imprimeurs, de vendre, débiter, faire afficher aucuns Livres, pour les vendre en leurs noms, soit qu'ils s'en disent les Auteurs, ou autrement; & à la charge de fournir à la susdite Chambre 9 Exemplaires prescrits par l'Art. 108 du même Reglement. A Paris ce 12 Novembre 1767.

Signé, GANEAU, Syndic.

www.ingramcontent.com/pod-product-compliance
Ingram Content Group UK Ltd.
Pitfield, Milton Keynes, MK11 3LW, UK
UKHW021132260726
13994UKWH00001B/106